AVANT-PROPOS
LE SKI FRANÇAIS DANS *SKI FRANÇAIS*

TEXTE
ANTOINE DÉNÉRIAZ

Antoine Dénériaz franchit la ligne d'arrivée en vainqueur lors de la descente olympique de 2006, ou comment rentrer dans l'Histoire de son sport.

Le ski français a une longue histoire, j'ai eu la chance d'en écrire une page en obtenant la plus belle des médailles lors de la descente olympique des Jeux de Turin, en 2006. Mais cette victoire qui a changé ma vie de sportif et d'homme, je la dois à cette longue lignée du ski français, depuis les Jeux de Chamonix 1924, de Émile Allais à Cyprien Sarrazin, c'est-à-dire à des sportifs d'exception et à la tenue d'événements tout aussi exceptionnels qui ont été autant de tournants et d'accélérateurs dans l'histoire des sports d'hiver de manière générale. Le ski français est un tout indissociable ancré dans les territoires de montagne, mais irrigué par les grandes agglomérations. Une histoire qui ne s'écrit pas seulement l'hiver sur la neige. Peu savent la longue préparation physique estivale, obligatoire pour contrer les efforts encaissés dans les courbes, qu'il s'agisse de vitesse ou de technique. Peu savent également que les skieurs font partie des sportifs ayant le plus d'aptitudes physiques lorsqu'on les compare. Au-delà du courage nécessaire à se balancer sur une piste glacée par jour blanc, il y a donc des années de travail intense, rarement récompensé par une Marseillaise. Alors, le jour où une skieuse ou un skieur français l'entend résonner sur un podium, c'est un peu tout le ski français qui se voit récompensé.

J'ai grandi dans les années 1980 dans une famille qui collectionnait les *Ski français*, la revue de la Fédération française de ski à l'époque, au moment où l'on rêvait encore des exploits des Jeux de 1968 à Grenoble avec les Jean-Claude Killy et les sœurs Goitschel pour ne citer qu'eux, mais dans un ski français qui peinait à se remettre des décisions prises en 1973 d'exclure les meilleurs athlètes contestant les méthodes d'entraînement et les obligations empêchant l'arrivée du professionnalisme et de l'argent. Dans les années 1980, rentrer dans les vingt sélectionnés en Coupe du monde était déjà un exploit, à l'image de Philippe Verneret, le descendeur de Morillon où j'étais au ski club, notre champion local. Évidemment, il y a eu quand même de grandes victoires et de belles médailles : Didier Bouvet, Perrine Pelen ou Marie-Cécile Gros-Gaudenier, par exemple, puis le redressement avec les résultats de Franck Piccard ou de Carole Merle, tout comme l'énergie ultra positive des Jeux de 1992 à Albertville.

J'ai eu également la chance de grandir à une période où pratiquer le ski en compétition restait abordable financièrement. Il s'agissait surtout d'un investissement de temps pour nos parents qui devaient nous emmener au lycée à Albertville, ainsi qu'aux rendez-vous pour partir en stage ou en course. Aujourd'hui, les sommes demandées atteignent des niveaux inacceptables pour beaucoup, environ 12000 € la saison pour un jeune de comité! C'est à la fois dommage et triste. J'espère que l'optique des Jeux olympiques et paralympiques Alpes 2030 amènera à une réflexion permettant de repenser le ski de haut niveau en France, de trouver des solutions pour les jeunes, leurs parents, les ski clubs, les comités afin d'arrêter cette escalade d'une sélection qui se ferait de plus en plus par l'argent.

J'ai intégré l'équipe de France à une époque charnière, entre la fin d'une génération de descendeurs comme Luc Alphand, Jean-Luc Crétier, Nicolas Burtin en France, ainsi que Daniel Mahrer, William Besse, Kristian Ghédina, Atle Skårdal, Hannes Trinkl ou Patrick Ortlieb à l'étranger, et les nouveaux arrivants, plus polyvalents, incarnés par Adrien Théaux, le regretté David Poisson, Yohann Clarey en France ou encore Aksel Lund Svindal ou Bode Miller à l'étranger. Les tracés changeaient également de physionomie, tournant davantage, à la manière de super-G. J'ai été le trait d'union entre ces deux époques et ces deux typologies de descendeurs, magnifiquement représentées par les flamboyantes victoires de Cyprien Sarrazin l'hiver dernier. Pour gagner, désormais il faut être aussi fort techniquement qu'être un glisseur né, à la manière d'un Marco Odermatt aussi dominateur en géant qu'en vitesse. Je glissais mieux que je prenais les courbes, je n'étais pas encore l'un de ces purs skieurs hybrides

« J'AI GRANDI DANS LES ANNÉES 1980 DANS UNE FAMILLE QUI COLLECTIONNAIT LES *SKI FRANÇAIS*, LA REVUE DE LA FÉDÉRATION FRANÇAISE DE SKI À L'ÉPOQUE, AU MOMENT OÙ L'ON RÊVAIT ENCORE DES EXPLOITS DES JEUX DE 1968 À GRENOBLE AVEC LES JEAN-CLAUDE KILLY ET LES SŒURS GOITSCHEL [...] »

d'aujourd'hui, mais quand les planètes s'alignaient, j'étais devant, parfois proche du podium, parfois au sommet, comme à Val Gardena, Lake Louise ou à Kvitfjell. Et, bien évidemment, sur les pentes de la piste Kandahar Banchetta de Sestrières où j'ai, dans l'aire d'arrivée, défendu aux micros des journalistes – sous le coup de l'euphorie et de l'émotion, la représentation d'un ski français dont les différentes générations seraient unies et non

Antoine enfant, sur les skis. Déjà un champion ?

Après sa carrière sportive, Dénériaz va lancer sa propre marque d'équipement et de skis tout en étant élu à la Région AURA.

en conflit – les propos peu amènes pour l'équipe de France d'une ancienne gloire du ski ne s'inscrivant pas dans l'idée que je me fais de cette stature qui ne peut pas n'être qu'une posture. Pas un soutien béat, mais un soutien quand même. Une mise au point qui avait fait couler beaucoup d'encre. Depuis, on a souvent échangé avec mon amie Marielle et levé tous les malentendus.

En sera-t-il de même pour les Jeux olympiques et paralympiques de 2030 qui marqueront l'histoire du ski français et mondial, comme l'ont déjà fait les autres événements organisés ici à l'image des Jeux de Grenoble et d'Albertville? Il ne s'agira pas d'une édition supplémentaire, mais d'une nouvelle manière de planifier ce type de manifestation, en rupture avec le gigantisme qui a trop longtemps perduré. Des Jeux écologiquement responsables, vertueux de la montagne qui les sert et que l'on veut populaires. Durant ces cent années de ski de compétition, on aura observé le recul spectaculaire des glaciers; on aura vu les hivers se raccourcir, la limite pluie-neige prendre de l'altitude. Ces événements qui ont fait rayonner le ski français doivent continuer à le faire, mais sans faste, avec mesure et non démesure. C'est la promesse de cette candidature, mieux, c'est sa raison d'être. On porte aujourd'hui cette immense responsabilité, sans aucun droit à l'erreur. Ce challenge qui nous incombe est l'opportunité de pouvoir penser la montagne de demain.

Le sport de compétition a besoin de confrontations mondiales, ne peut persister dans un entre soi national. Il faut juste retrouver du bon sens pour justement donner du sens. Remettre des étoiles dans les yeux lorsque l'on parle de ski, ce sport, cette activité qui reste toujours aussi populaire quand on regarde la fréquentation de nos stations l'hiver.
Il s'agit ni plus ni moins de réinventer les Jeux olympiques et paralympiques comme les autres grands événements.

GRENOBLE
4
GRENOBLE
9

SAGA

LE SKI FRANÇAIS AUX JO D'HIVER : DE CHAMONIX 1924 AUX ALPES FRANÇAISES 2030

Les premiers Jeux olympiques d'hiver ont tout juste 100 ans et se sont tenus à Chamonix, de quoi marquer à jamais le destin du ski français et aussi les sports d'hiver en général. Une saga olympique qui s'écrit encore au futur avec la candidature des Alpes françaises en 2030, également émaillée par des coups d'éclat des Tricolores lors d'autres éditions. Florilège.

TEXTE
ALEXANDRE PASTEUR

Herbert Huber, Alfred Matt et Jean-Claude Killy, sur le podium du slalom des JO de Grenoble de 1968, après le déclassement de Karl Schranz.

CHAMONIX 1924 : LE TEMPS DES PIONNIERS

Tout commence par un après-midi ensoleillé le 25 janvier 1924 à l'issue d'une cérémonie simple, mais pleine de solennité. Seize nations, 294 athlètes dont 281 hommes et 13 femmes ouvrent la Semaine internationale des sports d'hiver à Chamonix qui doit s'étirer jusqu'au 5 février 1924. L'ouverture est proclamée par le ministre de la République Gaston Vidal, sous-secrétaire d'État à l'enseignement technique, et le serment est prêté par le skieur Camille Mandrillon qui a également l'honneur de porter le drapeau français. Conscient que les sports d'hiver sont aussi importants que les sports d'été, Pierre de Coubertin est l'artisan de cette grande première. Il a d'ailleurs imposé les sports de glace comme le patinage artistique et le hockey sur glace au programme des Jeux d'été à Londres en 1908 et à Anvers en 1920 avec un succès mitigé. Mais pour ne pas froisser les Scandinaves fiers de leur monopole dans les sports de neige par le biais de leurs jeux du Nord, le CIO décide de ne pas instituer des jeux d'Hiver, mais une «semaine» du sport d'hiver. Cette première est une grande victoire pour les sports d'hiver et leur reconnaissance internationale. La France termine dixième au classement des nations et décroche une médaille de bronze grâce au couple de patineurs sur glace Andrée Joly et Pierre Brunet. La même année la Fédération internationale de ski (FIS) est créée. Et lors du huitième congrès du Comité international olympique qui se déroule à Prague du 29 mai au 4 juin 1925, la «semaine internationale du sport d'hiver» de Chamonix est reconnue comme les premiers Jeux olympiques d'hiver de l'histoire. L'ère des Jeux d'hiver peut débuter.

Le couple Andrée Joly et Pierre Brunet à l'entraînement. Ils décrocheront le bronze peu après aux JO de 1924 à Chamonix.

SAINT-MORITZ 1948 : HENRI OREILLER, À JAMAIS LE PREMIER

Henri Oreiller est un drôle de bonhomme. Natif de Paris où il vit avec ses parents, il passe ses vacances à Val d'Isère en Haute Tarentaise chez sa tante Armante Favre pour faire les foins et s'occuper des vaches. L'hiver, Henri Oreiller s'entraîne seul et s'adonne à sa passion : la vitesse sur les skis. Fantaisiste, charmeur, extraverti, Oreiller est un iconoclaste de la glisse au style inclassable, toujours sur un fil, sur un ski, à la limite de la rupture. L'opposé de James Couttet, son copain de l'équipe de France à la technique racée et académique. Le 2 février 1948, les deux compères sont au départ de la première descente de l'histoire olympique. Le ski alpin n'a fait son entrée au programme des Jeux d'hiver qu'en 1936 à Garmisch-Partenkirchen par le biais du combiné où Émile Allais est devenu le premier médaillé olympique de l'histoire du ski français.

Henri Oreiller connaît par cœur le ruban blanc du Piz Nair, la piste olympique de Saint-Moritz tracée sur les flancs déserts du Corviglia et longue de 3500 mètres. Dossard 1 sur le dos, James Couttet le Chamoniard est freiné par la neige fraîche tombée la veille. L'Italien Zeno Colò, grand favori et premier homme à avoir atteint la vitesse de 160 km/h sur des skis s'élance avec le dossard 7, mais chute dans le mur de la Sorcière. Henri Oreiller, le dossard 9, parvient à déjouer les pièges du Piz Nair au prix d'un numéro digne d'un funambule sur une corde raide. Il dévale le mur de la Sorcière sur un ski et à l'arrivée s'impose avec quatre secondes et un dixième d'avance sur l'Autrichien Franz Gabl à la moyenne de 77 km/h... Le Suisse Karl Molitor, légende de Wengen, se classe troisième. Avec son sourire franc et sa double rangée de dents proéminentes qui lui donnent des airs de Fernandel, Henri Oreiller devient le premier champion

Henri Oreiller, premier champion olympique de descente, deviendra pilote automobile au volant de sa Ferrari. La course dans le sang.

olympique de l'histoire du ski français. Un triomphe assorti d'une médaille de bronze en slalom et d'une deuxième médaille d'or en combiné. À 22 ans l'Avalain est le meilleur skieur du monde. Mais ce fou de vitesse abandonne le ski quatre ans plus tard pour vivre sa deuxième passion : la course automobile.

GRENOBLE 1968 : KILLY ET LES NEIGES ÉTERNELLES DE CHAMROUSSE

Le 6 février 1968, Grenoble est en fête pour le grand retour des Jeux olympiques d'hiver en France, 44 ans après Chamonix. Le général de Gaulle préside la cérémonie d'ouverture où se mêlent 1293 athlètes représentant 37 nations. La capitale du Dauphiné a été choisie au détriment de Calgary quatre ans plus tôt. Pour la grandeur de ces Jeux, le gouvernement français débloque des fonds spéciaux. Installations sportives, autoroutes, chemins de fer, nouvelle gare, nouvel hôpital, hôtel de ville, palais des sports... Les Jeux transforment et désenclavent la capitale du Dauphiné et sont ceux de la modernité. Une mascotte, «Schuss», fait pour la première fois son apparition aux Jeux olympiques. Pour la première fois également, l'ORTF retransmet les compétitions en couleur, la couverture des épreuves se faisant en direct avec la présence des commentateurs sur les sites de compétitions. Les tests de féminité, les contrôles antidopage et le chronométrage électrique sont aussi au programme. Les Jeux de Grenoble marquent un tournant dans l'art de médiatiser et d'organiser l'événement. Il s'agit avant tout de valoriser les Jeux en promouvant une ville, un département, une région.

Sur le plan sportif, la France est devenue une grande nation du ski. En 1960, Jean Vuarnet est sacré champion olympique de descente grâce à une double révolution : les skis métalliques et la position aérodynamique dite de «l'œuf». Quatre ans plus tôt, aux Jeux d'Innsbruck, l'équipe de France de ski alpin a ramené six médailles : l'or et l'argent pour Marielle et Christine Goitschel en géant et en slalom, l'or en géant pour François Bonlieu et l'argent en descente pour Léo Lacroix. Une razzia à laquelle Jean-Claude Killy n'a pas participé. Sur les pistes autrichiennes, le grand espoir de l'équipe de France, 20 ans, doit se contenter d'une cinquième place en géant. Dans le village olympique de Bachat Bouloud à Chamrousse, théâtre des épreuves alpines dans le massif de Belledonne, Killy prépare sa revanche à l'abri de la pression médiatique, en toute discrétion. Le natif de Saint-Cloud en région parisienne, aux origines alsaciennes et élevé à Val d'Isère, est devenu un sportif populaire, reconnu. Double champion

« KILLY EST AUSSI UN SÉDUCTEUR AU SOURIRE RAVAGEUR, UN HÉROS NATIONAL CÉLÉBRÉ PAR HUGUES AUFRAY, UNE VEDETTE DES MAGAZINES DONT IL PARTAGE LA UNE AVEC LES CHANTEURS DE LA VAGUE YÉYÉ. »

Lors du slalom géant dames de Val d'Isère en 1966; Jean Claude Killy embarque Annie Famose sur sa moto.

Réunion d'ouverture à Megève en 1937, avec Émile Allais en grande pompe.

du monde en 1966 à Portillo au Chili, il a durant l'hiver 1966-1967 décroché douze victoires dont cinq en descente et dominé le premier classement général de la Coupe du monde de ski. Killy est aussi un séducteur au sourire ravageur, un héros national célébré par Hugues Aufray, une vedette des magazines dont il partage la une avec les chanteurs de la vague yéyé.

Les épreuves alpines doivent débuter le 8 février sur la piste de Casserousse avec la descente. Mais la compétition est reportée au lendemain en raison du mauvais temps. Le 9 février, sous un ciel nuageux et une lumière plate, le premier des favoris, Guy Périllat, s'élance avec le dossard numéro 1. À 28 ans, Périllat sait qu'il tient la dernière chance de sa carrière d'être sacré champion olympique. Léger, souple, aérien, il dévale la piste de Casserousse en moins de deux minutes. Vient le tour de Jean-Claude Killy, dossard 14, chaussé de ses fameux skis Dynamic VR17 soigneusement préparés par son technicien Michel Arpin. Son départ «catapulte», corps tendu comme un arc et talons des skis décollés vers l'arrière lui permettent de glaner de précieux centièmes. À l'arrivée, il en compte huit d'avance sur Guy Périllat. Le plus faible écart jamais enregistré entre le premier et le deuxième en ski alpin aux Jeux olympiques. Killy est champion olympique de descente, vingt ans après son idole de Val d'Isère Henri Oreiller, décédé cinq ans plus tôt au volant de sa Ferrari sur le circuit de Montlhéry. Trois jours plus tard, il décroche la médaille d'or en géant sur la piste des Vallons devant le Suisse Willy Favre. L'avant-dernier jour des Jeux, Killy entre dans la légende en remportant le slalom dans le brouillard après la disqualification de l'Autrichien Karl Schranz, coupable d'avoir manqué une porte en deuxième manche. Avec trois médailles d'or, il égale l'Autrichien Toni Sailer vainqueur des trois courses aux Jeux de Cortina d'Ampezzo en 1958. Marielle Goitschel, titrée en slalom, Isabelle Mir deuxième de la descente et Annie

CHRISTINE IS THE QUEEN

Christine Goitschel lors des JO de 1964, à Innsbruck, où elle remporte la médaille d'or en slalom à 19 ans, devant sa sœur Marielle. et l'Américaine Jean Saubert. Au calme et en action.

Fabrice Guy et Sylvain Guillaume offrent à la France un doublé historique en combiné nordique lors des JO d'Albertville.

Famose, double médaillée en géant et en slalom, assurent à la France la première place au classement des nations en ski alpin. L'équipe de France cornaquée par Honoré Bonnet est à son apogée.

ALBERTVILLE 1992 : LES NOUVELLES FRONTIÈRES

Les Jeux olympiques d'hiver qui s'ouvrent le 8 février 1992 à Albertville sont les Jeux de toute une région : la Savoie. Des Jeux modernes, chaleureux et compacts où 118 kilomètres seulement séparent les deux sites les plus éloignés : Les Saisies et Val d'Isère. Des Jeux menés par un duo complémentaire : Michel Barnier, le politique et Jean-Claude Killy, l'ancien champion devenu homme d'affaires. Des Jeux révolutionnaires où de nouvelles disciplines font leur apparition au programme olympique. Des disciplines incarnées par des championnes et des champions inconnus du grand public qui se joignent à la traditionnelle colonie alpine pour garnir le tableau des médailles tricolores.

Construire une équipe de France féminine de biathlon était un pari fou : peu de licenciées, des structures inexistantes, pas ou peu de moyens. Ce pari, un homme l'a relevé : Francis Mougel, un Vosgien, pionnier de la discipline dans les années 1980, une époque où la France ne pèse rien dans le biathlon international. À la charnière des années 1980-1990, Mougel forme un commando d'élite qui se bat contre les sarcasmes et les préjugés. Dans ce groupe restreint, il y a Véronique Claudel, une Vosgienne, première fille à avoir ajouté une carabine à sa panoplie de skieuse de fond. Puis Anne Briand, la fondeuse d'origine alsacienne, étudiante vétérinaire à Lyon, venue au biathlon par hasard pour donner un coup de main lors du relais des Universiades en 1989. Et enfin, Corine Niogret, la petite puce de l'Ain à peine sortie de l'adolescence qui a déplacé la moitié des habitants du Petit-Abergement, son village du Valromey, pour la fête olympique. Le 14 février 1992, pour la première apparition du biathlon féminin au programme des Jeux, les trois filles décomplexées réussissent l'exploit de remporter le relais sur le site des Saisies. Anne Briand, dernière relayeuse, distille ses cinq balles avec application lors de son ultime passage au pas de tir et prend le dessus sur Petra Schaaf, baromètre d'une équipe d'Allemagne réunifiée où le biathlon est une affaire d'État. Quand elle passe la ligne en levant les bras au ciel, Anne Briand écrit le premier chapitre d'une fabuleuse saga et d'une réussite sportive inégalée : celle du biathlon français.

Contrairement au biathlon, le combiné nordique est un pilier des Jeux d'hiver depuis l'édition originelle à Chamonix. Ce sport qui réunit les deux disciplines majeures du ski nordique, le saut et le fond, n'a jamais souri à la France, faute de moyens et de volonté. Tout change au mitan des années 1980 quand

Edgar Grospiron sous la neige de Tignes, lors de son sacre de 1992.

deux hommes, Jacques Gaillard et Éric Lazzaroni, décident de redynamiser la discipline en France. Avec une poignée de volontaires, les deux hommes lancent l'opération «Albertville». Xavier Girard, Francis Repellin, Fabrice Guy et Sylvain Guillaume sont les fleurons de cette génération prête à fracasser les préjugés et déjouer les pronostics. En février 1991, la médaille d'argent par équipes décrochée aux Championnats du monde de ski nordique à Val di Fiemme, en Italie, annonce la couleur. Un an plus tard, Fabrice Guy se présente à Albertville en favori de l'épreuve individuelle. Fils d'Alain Guy, ancien champion de France du 50 kilomètres en ski de fond, Fabrice le Franc-Comtois est le plus doué de la bande. Vainqueur de quatre épreuves de Coupe du monde avant les Jeux, il a aussi eu l'honneur de porter le drapeau français pour la spectaculaire cérémonie d'ouverture mise en scène par Philippe Decouflé. Le 11 février, lors de l'épreuve de saut, Fabrice Guy se classe troisième malgré un genou grinçant depuis plusieurs jours. Le lendemain à 14 h 30 est donné le départ de la deuxième épreuve : le 15 kilomètres de ski de fond sur une boucle de 5 kilomètres au pied du tremplin du Praz à Courchevel. Au bout de 3 kilomètres, il a déjà rattrapé le Japonais Nikata. À l'issue de la première boucle, il dépose l'Autrichien Ofner et se retrouve seul en tête. Les deux derniers tours sont une parade solitaire et triomphale. C'est à peine s'il entend la clameur du public qui salue la folle remontée de Sylvain Guillaume, parti en 13e position. À l'arrivée, Fabrice Guy, originaire de Mouthe dans le Haut-Doubs, s'impose devant Sylvain Guillaume, le Jurassien de Foncine-le-Haut. Deux potes, issus de deux villages distants de 10 kilomètres, deviennent des héros nationaux et font entrer le combiné nordique et ses 200 licenciés dans le cœur des Français.

Pour la première fois de l'histoire, le ski de bosses tient son rond de serviette à la table des grands aux Jeux d'Albertville. Sport de démonstration en 1988 à Calgary, la discipline, spectaculaire et explosive, plaît au public. Surtout, elle est portée en France par un leader charismatique : Edgar Grospiron. Chef de file d'une génération iconoclaste, Grospiron survole sa discipline. Triple vainqueur de la Coupe du monde depuis 1989, double champion du monde en 1989 et 1991, «Gagar» se sait imbattable le jour de la finale des bosses, le jeudi 13 février. Devant 12000 spectateurs déchaînés, Grospiron fend le rideau de neige épais qui tombe sur le champ de bosses de Tignes, rebondit sur les dunes de neige, et à peine la ligne d'arrivée franchie après un rodéo de trente secondes, se jette dans la foule, plus «showman» que jamais. «Un premier champion olympique, il en fallait un. Désolé, c'est tombé sur moi», rigole le clown génial. Toujours soucieux de faire le spectacle au-delà du résultat, Grospiron exulte d'une joie rare et communicative. Un bonheur total puisqu'un autre

Et un, et deux, et trois zéro ! Triplé historique de Jean-Frédéric Chapuis, Arnaud Bovolenta et Jonathan Midol, à Rosa Khutor, en 2014.

Français, Olivier Allamand, se classe deuxième et Éric Berthon quatrième. Grâce à ces joyeux funambules façonnés par Nano Pourtier, le ski acrobatique a gagné son pari. Ce 13 février 1992, les Jeux d'hiver entrent dans une nouvelle ère.

SOCHI 2014 : UN TRIPLÉ POUR L'HISTOIRE, MATTEL DANS LA LÉGENDE

Le ski cross a tout pour plaire. Facile à lire et à suivre, la discipline consiste à envoyer quatre coureurs en même temps sur un parcours aménagé de différents modules : sauts, bosses à répétition, virages relevés ou en dévers, portions de glisse. La discipline popularisée aux États-Unis par les X-Games, les Jeux alternatifs du ski où se côtoient toutes les disciplines du ski freestyle et acrobatique, fait son entrée officielle aux Jeux d'hiver en 2010 à Vancouver. Les Jeux olympiques, Jean-Frédéric Chapuis en rêve depuis gamin. Le skieur licencié à Val Thorens s'imagine un avenir en ski alpin. Mais en 2009, après avoir gravi toutes les marches qui mènent aux groupes fédéraux, il est exclu des équipes de France. Trop polyvalent. Après avoir été également recalé en Suisse, patrie de sa maman, Chapuis se tourne vers Michel Lucatelli, ancien géantiste de niveau international, patron plein d'ambition de la jeune équipe de France de ski cross. Lucatelli voit le ski cross comme le frère jumeau du ski alpin. Les deux disciplines exigent les mêmes qualités : sens de la glisse, capacité à tailler des courbes à haute vitesse, conduite, recherche de l'accélération en sortie. Jean-Frédéric Chapuis débarque aux Jeux de Sotchi flanqué de sa garde rapprochée : Arnaud Bovolenta, Jonas Devouassoux et Jonathan Midol. L'équipe affiche 25 ans de moyenne d'âge. Un détour à Antalya sur la côte sud de la Turquie après la cérémonie d'ouverture pour regonfler les corps et s'affranchir de la pression, et les gaillards sont de retour à Rosa Khutor, site des épreuves de ski des Jeux de Sotchi. La piste de ski cross est vertigineuse, ré-

« JEAN-FRÉDÉRIC CHAPUIS DÉBARQUE AUX JEUX DE SOTCHI FLANQUÉ DE SA GARDE RAPPROCHÉE : ARNAUD BOVOLENTA, JONAS DEVOUASSOUX ET JONATHAN MIDOL. L'ÉQUIPE AFFICHE 25 ANS DE MOYENNE D'ÂGE. »

servée aux gros cœurs. Les sauts y sont plus longs, les dévers et les mouvements de terrain plus marqués qu'ailleurs. Les Français réalisent l'ampleur du défi lors de qualifications médiocres qui leur ouvrent néanmoins les portes des huitièmes de finale. Les quatre gladiateurs terminent sans encombre ce premier tour à élimination directe. En quarts de finale, seul Jonas Devouassoux le solide Chamoniard passe à la trappe dans la même série que Chapuis et Midol. Les demi-finales sont une formalité pour les trois rescapés français qui comme dans un rêve se retrouvent en finale avec le Canadien Brady Leman pour quatrième homme. La finale est une apothéose. Chapuis, vêtu d'une chasuble verte, s'éjecte du portillon et prend le meilleur départ, comme une obsession, mais se fait doubler par Bovolenta, le colosse d'Arêches-Beaufort. À mi-parcours, le Savoyard reprend la tête à la réception d'un saut pour ne plus la quitter malgré l'interminable schuss final. Bovolenta termine deuxième et Jonathan Midol passe la ligne à quatre pattes sous la banderole. Peu importe, Leman victime d'une chute a disparu depuis longtemps du paysage. 1, 2, 3, les Français signent un triplé historique pour le ski français aux JO.

L'attente a été longue. Quatre-vingt-dix ans exactement avant de pouvoir à leur tour défier les lois de la gravité et de l'apesanteur. Le 11 février 2014, les femmes sont autorisées enfin à participer au premier concours de saut à ski féminin de l'histoire olympique. Coline Mattel figure parmi les favorites. Elle émerge à peine de l'enfance, mais son vécu est précieux. La gamine des Contamines a débuté le saut à sept ans. À dix ans elle s'élance du tremplin de 120 mètres à Courchevel. Trois ans plus tard, elle termine troisième des Championnats du monde. Pour polir ce diamant brut, la Fédération française de ski lui a adjoint les services de Jacques Gaillard, l'architecte du doublé Fabrice Guy – Sylvain Guillaume aux Jeux d'Albertville en combiné en 1992. Entre le vieux gourou et la môme au caractère éruptif, la relation est parfois tendue, mais toujours tournée vers le même objectif : les Jeux. Persuadée de pouvoir gagner à Sotchi, Coline Mattel se laisse submerger par ses émotions à l'issue de la première manche qu'elle termine au deuxième rang. Avant son deuxième saut, elle devine sa mère et sa sœur noyées dans le public, le visage peint en bleu blanc rouge. Coline lâche la barre et s'envole. Un vol crispé, tendu, mais les mètres ont suffisamment défilé sous ses skis pour lui permettre d'accrocher la médaille de bronze, la première de l'histoire du saut à ski français aux Jeux. À 18 ans à peine, la Haute-Savoyarde peut laisser les larmes rouler sur ses joues.

Coline Mattel sur l'épreuve de saut à ski à Krasnaïa Poliana aux JO 2014 de Sotchi.

Jean-Fred Chapuis lors des Mondiaux de Kreischberg de 2015. Comme un contraste…

TEMPÉRATURE

LE SKI DE HAUT NIVEAU FACE AU CHANGEMENT CLIMATIQUE

Vigie du dérèglement climatique, le ski mène mieux que les autres sports une réflexion sur l'impact de son circuit phare, la Coupe du monde et son calendrier, avec des propositions venant des athlètes ou d'institutions comme la Fédération norvégienne de ski. Des initiatives salutaires, dont la FIS devrait s'emparer afin d'améliorer la donne actuelle.

TEXTE
LAURENT BELLUARD

Des activistes écologistes interrompent la seconde manche de l'épreuve de Gurgl, en 2024, interférant les résultats sportifs.

Alors que la FIFA pense à la possibilité de délocaliser des matches des championnats nationaux dans d'autres pays (au même titre que la NBA fait jouer des matches en Europe), le ski s'inquiète de l'énergie consommée par la création de neige de culture. Pas vraiment les mêmes enjeux en matière de bilan carbone ! Pourtant, il apparaît évident que le calendrier des Coupes du monde peut être optimisé, à la fois en termes d'étalement de la saison que de rationalisation des déplacements, source numéro un de gaz à effet de serre (GES). Pour mémoire, dans le bilan carbone moyen d'un skieur, la partie domaine skiable et son entretien (soit le fonctionnement des remontées mécaniques et le damage des pistes), ne représente que 3 % de l'ensemble. Presque négligeable. Pour autant, chaque pas dans le bon sens fera baisser l'ensemble et donc, arithmétiquement, augmenter la part des secteurs en stagnation. D'où l'intérêt de progresser au mieux dans chaque domaine.
Cette démarche proactive est hélas mal comprise, se retournant contre les sports de neige en général, le ski en particulier, selon la logique aberrante voulant que comme le milieu fait une démarche de vérité, c'est parce qu'il est responsable de la fonte des glaciers... Une logique perdant-perdant, engageant les bonnes volontés à tout abandonner puisque tout serait désormais déjà perdu. Il faut dire que l'épisode de Zermatt-Cervina à l'automne dernier, en pleine canicule, a laissé des traces poussant des athlètes à prendre position dans la presse, à l'image d'Alexis Pinturault : « Notre sport fait partie des plus touchés par le réchauffement climatique et, au lieu de changer notre système, de s'adapter, on fait tout le contraire. » Piquant pour un habitué de l'hélicoptère entre deux épreuves, même si la meilleure organisation du calendrier pourrait éviter aux rares polyvalents une telle contrainte de déplacement.

LES PROPOSITIONS NORVÉGIENNES

Aidée par le cabinet KPMG, la Fédération norvégienne a analysé son impact afin de faire des propositions permettant de limiter le bilan carbone de l'équipe masculine de 29 % pour 14 % chez les femmes. Ces projections correspondent en revanche uniquement à la situation norvégienne, spécifique par exemple grâce à la possibilité qu'il

Le glacier de Sölden, écrin de l'ouverture de la coupe du monde de ski alpin, a perdu son caractère, la langue glaciaire s'étant complètement retirée en altitude.

leur est offerte de skier «à la maison» tout l'été, trois domaines skiables sur glacier ouvrant de mai à septembre. Bien peu de pays ont ce privilège synonyme de voyages intercontinentaux en moins. D'ailleurs, c'est l'ancienne star du slalom allemande, Félix Neureuther, qui a lui proposé d'interdire l'entraînement sur neige du premier mai à fin août afin de limiter les stages estivaux lointains, mais aussi pour rendre le ski moins coûteux à pratiquer et donc, moins socialement inéquitable. Reste à savoir comment gérer la saison en hémisphère sud, une question en suspens, mais au faible impact sportif, seule la néo-zélandaise Alice Robinson étant jusqu'alors réellement compétitive, situation en cours de complexification avec l'annonce du retour la saison prochaine de Lucas Braathen sous les couleurs brésiliennes, le pays d'origine de sa mère. Décidément, le diable se cache toujours dans les détails!

QUESTION DE TIMING

Majoritairement, les instances ou sportifs concernés s'accordent sur un premier point : décaler l'ouverture de la Coupe du monde de ski à la mi-novembre au lieu du dernier week-end d'octobre, comme c'est le cas depuis des décennies. Si le fameux passage de la route sur la langue du glacier du Rettenbach, à Sölden, a disparu victime du recul toujours plus rapide des glaciers, est-il bien nécessaire de mettre en lumière ce glacier en souffrance au pire moment pour lui? Ces deux à trois semaines de décalage seraient suffisantes pour à coup sûr, ouvrir la Coupe du monde de ski dans un paysage enneigé, une meilleure publicité pour le ski en général. De même, décaler la tenue des Championnats du monde début mars semble logique au vu des dernières saisons, pour peu qu'ils soient organisés en altitude afin de préserver l'équité sportive, il n'y a qu'à se souvenir des courses de Saalbach, du 16 au 24 mars dernier, pour s'en persuader. Décaler les courses en altitude signifie également changer les habitudes et en finir avec Zagreb, Chamonix, Garmisch-Partenkirchen ou Adelboden par exemple, pourtant des bastions historiques du ski alpin. En revanche, l'intérêt économique pour ces stations d'organiser les courses plus en altitude, loin du village et d'une (bonne) partie des spectateurs, serait-il le même? Évidemment, non... Il n'empêche

Le glacier du Rettenbach, à Sôlden, dix jours avant la coupe du monde d'ouverture de saison.

que le spectacle de la saison dernière pose des questions existentielles au cirque blanc, que se poseront bientôt les sponsors ou les diffuseurs du ski alpin, en particulier, mais aussi du nordique avec les polémiques sans fin sur le snow-farming ou le transport de neige en camion sur le site de compétition, activité ne créant pourtant aucune polémique lorsqu'il s'agit de déneigement...

LE POIDS DU TRANSPORT

Dans son travail, la Fédération norvégienne s'intéresse au transport de ses troupes. Sur ce poste, les vols représentent 84 % des émissions de CO_2 des hommes et 79 % des femmes, le reste étant partagé par les déplacements en fourgon ou en voiture et à ce jeu, les skieuses jouent davantage collectif que leurs confrères (13 % contre 4 %), qui préfèrent la voiture individuelle. En revanche, l'idée proposée de revenir à un calendrier établi par olympiades semble plus discutable, enlevant de la souplesse ou de la réactivité en cas d'erreur ou de changement, tout comme celle de décaler au cœur de l'hiver les courses pour éviter la création de neige de culture. Courses ou pas, les domaines skiables fabriquent aujourd'hui leur sous-couche dès que possible en début de saison afin de la sécuriser. La neige de culture produite pour enneiger la face de Bellevarde pour le Critérium de la première neige l'aurait également été en grande partie pour l'ouverture aux touristes. Au final, si ça change en termes d'affectation de la charge sur la Coupe du monde, le bilan énergétique global serait quasiment identique si on imaginait cette neige plus comme un simple moyen de sécuriser les emplois d'une filière et par ricochet, tous ceux du tourisme de montagne en hiver.

Rationaliser au mieux les déplacements nécessitant l'avion tout en optimisant le calendrier semble être une des pistes réalistes à suivre, des évolutions acceptables guidées davantage par le bon sens que par l'idéologie. Pour la première fois, des activistes ont interrompu une manche de Coupe du monde, pourtant bien enneigée à Gurgl, en Autriche, signe des temps, mais aussi de l'acceptabilité sociétale de la pratique, le vrai enjeu pour l'avenir du ski. Faire évoluer le calendrier pour qu'il soit le plus rationnel possible, le plus économe en énergie fossile, ne changera pas le point de vue des «anti-ski» ni celui des «pro-ski» par ailleurs. En revanche, lequel de ces deux groupes va continuer à grandir dans le futur si rien ne bouge selon la maxime connue du «*business as usual*»? C'est tout l'enjeu de cette réflexion qu'il vaut mieux mener de manière proactive plutôt que de la subir plus tard, sans savoir comment éteindre l'incendie.

Collection
Hiver 2024-2025

Red Bull
Audi
A1
5Gewinnt
5
Tirol
ÖTZ TAL
SÖLDEN

DES BOMBES AUX PIEDS :

COMMENT TROUVER LES MEILLEURS SKIS ?

Le ski alpin fusionne l'art de la glisse et de la mécanique, une noce improbable entre sensations et précision, entre empirisme et calculs. Et si en Formule 1, gagner est inimaginable sans voiture performante, il en va de même en ski. À la différence près qu'une piste n'est pas un circuit et qu'identifier scientifiquement tous les paramètres de cette performance devient illusoire quand vous n'avez jamais le même virage, la même déclivité ou la même neige. Aussi, dans cette chasse aux centièmes, trouver la paire de skis ultime, celle qui vous rend plus rapide, s'apparente à une véritable quête du Graal, un voyage technologique, mais également psychologique.

TEXTE
STÉPHAN LACAS

Gros plan sur la structure de la semelle des skis d'Alexis Pinturault, un des points clés de la glisse.

L'ENSEMBLE À SKIER

Si l'on parle davantage de pilotes que de skieurs pour désigner les compétiteurs de la Coupe du monde, c'est qu'au plus haut niveau, le talent de ces virtuoses tient plus à l'art du pilotage qu'à celui de la glisse. Trajectoires, accélérations, prises d'angles, ces pilotes des neiges flirtent avec leurs limites et celles de leur matériel. Mais pour gagner, il ne suffit pas de «piloter» ses skis en les poussant dans leurs retranchements, encore faut-il les trouver. Car, comme le banalisent tous les coaches : «En Coupe du monde, sans le bon matériel, tu ne peux pas gagner». Vous noterez que l'on ne fait pas uniquement référence aux skis, mais au matériel, un détail d'importance : «Depuis quelques années, on parle de set-up, d'ensemble à skier, quand on parle de performance», précise Stéphane Mougin, directeur de la course chez Rossignol. Le set-up, c'est l'ensemble ski-plaque-fixation-chaussure, chaque élément de cet ensemble participant à la performance générale. Selon tel ou tel composant de la fixation ou de la plaque, le ski va se comporter différemment, être plus ou moins accrocheur ou agressif, plus ou moins fluide sur telle ou telle neige... Ce à quoi il faut encore rajouter les réglages et ajustements de la chaussure. «Nous ne développons plus des skis, mais des ensembles à skier, ce qui implique beaucoup de paramètres à gérer, conclut Stéphane, c'est parfois un vrai casse-tête!». Une complexité qui prend des tournures différentes, qu'il s'agisse des disciplines techniques ou en vitesse.

DES SKIEURS COMME PILOTES D'ESSAI

Quoi qu'il en soit, que l'on soit fan des virages courts ou longs, cette quête du set-up ultime commence étonnamment toujours sur la neige, avec des skieurs et beaucoup de paires de skis. Entre février et mars, alors que le cirque blanc joue son plus beau numéro, les fabricants de skis fournissent déjà à leurs coureurs les prototypes de la saison suivante, sur lesquels ils ont travaillé dans l'ombre en considérant les informations glanées par ces mêmes athlètes et leurs techniciens. «La plupart du temps, le développement consiste à partir d'une base existante, c'est-à-dire d'un set-up performant en course et de tenter de l'améliorer avec des évolutions. Mais, parfois, il nous arrive aussi de partir dans une tout autre direction avec des choix radicalement différents», explique Stéphane Mougin, qui précise : «Dans ce cas plus rare, nous prétestons d'abord les skis avec notre cellule en interne, souvent d'anciens top skieurs, d'ingénieurs et de techniciens

Tests de glisse. Les skis sont issus du même moule, mais la semelle, sa structure et son fartage varient afin d'obtenir la meilleure glisse, quelle que soit la neige.

« NOUS NE DÉVELOPPONS PLUS DES SKIS, MAIS DES ENSEMBLES À SKIER, CE QUI IMPLIQUE BEAUCOUP DE PARAMÈTRES À GÉRER, CONCLUT STÉPHANE, C'EST PARFOIS UN VRAI CASSE-TÊTE ! »

Le parfait set-up (ensemble ski-plaque-fixation-chaussure) est celui qui apporte au skieur le meilleur mix entre transmission, pilotage et accélération.

« CERTAINS ATHLÈTES SONT PLUS FINS QUE D'AUTRES EN TERMES DE FEELING, DE SENSATIONS, PLUS CURIEUX AUSSI, TOUJOURS EN QUÊTE DE NOUVEAUTÉS, DE NOUVEAUX AJUSTEMENTS. D'AUTRES, AU CONTRAIRE, SE CONTENTENT DE SKIER AVEC LES AMÉLIORATIONS QUE LES AUTRES ONT DÉVELOPPÉES OU ADOPTÉES. »

Disciplines techniques ou vitesse, chaque coureur bénéficie de plusieurs paires du même modèle. Préparées différemment, le choix se portera sur la paire la plus rapide pour les conditions du jour.

qui trient en amont les technologies et skis (set-up) les plus prometteurs. Avec certains coureurs, le développement est constant, rajoute Stéphane. On utilise les feed-back des pilotes et de leurs techniciens pour trouver de nouvelles solutions qu'on développe avec nos ingénieurs dans nos ateliers pour les faire revenir ensuite aux pieds de ces mêmes pilotes.» La boucle est bouclée, mais ne s'arrête jamais.

D'ABORD LE COMPORTEMENT

Pour trouver le set-up ultime, il s'agit d'abord de trouver le matériel qui matche avec son pilote, qui ne tourne ni trop ni trop peu, qui accélère dans la pente sans empêcher le pilote de mettre une dérive pour réajuster sa trajectoire si nécessaire, bref, qui s'adapte aux styles et aux besoins du skieur tout en le poussant dans ses retranchements. Cette phase de tri des skis (des set-up donc!) et de sélection se déroule à l'entraînement. Le pilote compare son set-up de référence avec les nouveautés que le fabricant lui propose. «En fait, le réglage du matériel doit permettre au skieur d'ajuster au mieux sa technique pour s'exprimer pleinement. Du coup, avec les meilleurs, c'est vraiment du travail sur mesure», rajoute Stéphane. Bien entendu, à ce niveau, quand on parle de test, on parle inévitablement de chrono, ces derniers (avec la vidéo) viennent ainsi appuyer les sensations des pilotes. «Certains athlètes sont plus fins que d'autres en termes de feeling, de sensations, plus curieux aussi, toujours en quête de nouveautés, de nouveaux ajustements. D'autres, au contraire, se contentent de skier avec les améliorations que les autres ont développées ou adoptées. Pour nous, les premiers sont forcément plus intéressants que les seconds en ce qui concerne le développement, car ils nous poussent à trouver sans cesse des évolutions», conclut le directeur de la course. Il est bon de préciser que sur le cirque blanc, un entraînement s'apparente nécessairement à un test de matériel, le skieur ne faisant presque jamais la même manche avec le même set-up : «À ce niveau, les pilotes sont sur des détails. Leur technique et le matériel qu'ils ont sous les pieds sont intimement liés. Leur job, c'est identifier justement le matériel qui leur permet de skier encore mieux, d'optimiser leur technique», explique Fabien Mugnier, ex-coach en chef d'Alexis Pinturault. En slalom comme en géant, ces tests de comportement, même s'ils prennent parfois des tournures incroyablement complexes en fonction des différentes combinaisons possibles (ski-plaque-fixation-chaussure), suffisent à déterminer les skis de course, ceux qui prendront le départ de la Coupe du monde. En général, en slalom et en géant, les tops skieurs tournent entre 20 et 30 paires de skis pendant la saison en essayant de ne garder que 5 à 6 paires dédiées aux courses pour couvrir les différentes neiges.

ENSUITE LA GLISSE

En vitesse, c'est une autre paire de manches et encore plus de paires de skis! Si le comportement est déterminé en amont avec les skieurs et leur staff, la marque lance la fabrication d'environ 35 modèles de skis équipés d'une même semelle avec une préparation identique. Car en vitesse, le facteur glisse est prépondérant. En parallèle du cirque blanc se déroule donc un protocole de test de glisse très méthodique. «On compare les skis à plat, en ligne droite et sur toutes les neiges pour repérer les plus rapides sur telle neige. Ensuite, on refait le protocole avec 35 modèles identiques équipés d'une autre semelle, pour trouver les plus rapides sur une autre neige», explique Stéphane Mougin. Enfin, les skis sont dispatchés aux skieurs en fonction de leur rang mondial, les plus rapides allant aux meilleurs, bien évidemment. D'ailleurs, l'histoire de la vitesse et plus précisément celle de la descente est jalonnée de skis exceptionnels ayant accompagné leur champion plusieurs saisons dans la victoire. Cet hiver, Cyprien Sarrazin explosait à la face du monde lors de deux runs magiques sur la Streif

Johan Clarey en appui sur son ski extérieur, parfaitement cintré,
pour une tenue de courbe et une accélération optimale.

Paco Rassat lors du slalom de Kitzbühel 2024, discipline demandant un réglage parfait tant les coureurs sont sur le fil.

de Kitzbühel, mais ce n'est sûrement pas lui faire injure que de dire que sans une bombe sous les pieds, il n'aurait pas pu exprimer son talent unique dans toute sa quintessence. Sur ce point, Stéphane Mougin nuance : « Cyprien ne prenait pas tous les départs avec la même paire de skis, mais avec le même modèle. Il avait sélectionné un modèle dont le comportement lui convenait à merveille et sur lequel il se sentait bien. Ensuite, selon les neiges, avec son technicien, il choisissait la paire la plus rapide… » Car à ce niveau, le paramètre psychologique est capital, le pilote doit être persuadé que son set-up peut lui permettre de s'exprimer pleinement et d'être performant. « Je pense qu'avec ce même modèle, toujours avec les mêmes réglages, Cyprien a trouvé le comportement de son matériel qui lui permettait de pousser sa technique dans ses retranchements sans pour autant se mettre à la faute. Et cela lui a donné confiance : il savait qu'il pouvait skier très vite en poussant ses limites, mais sans les dépasser. »

DES SKIS SUR MESURE POUR LE TOP DU TOP, DES INNOVATIONS POUR LE GRAND PUBLIC

Cette débauche de moyens, forcément coûteuse, impose également aux fabricants de choisir ses chevaux de course, en l'occurrence ses meilleurs skieurs. « Seuls nos meilleurs pilotes ont des skis entièrement sur mesure, explique Stéphane Mougin, il serait totalement impossible d'assurer un tel service à l'ensemble de nos athlètes. C'est avec les meilleurs que nous développons les nouvelles solutions que les autres athlètes pourront utiliser par la suite. » Il faut pourtant voir dans ce travail pharaonique davantage qu'une course à la gagne, mais aussi un moyen pour le fabricant de gagner du temps. Car si la course est la vitrine du ski pour une partie du public, elle est surtout son laboratoire. Et même si le consommateur ne tournera jamais les skis d'Alexis Pinturault (il en serait bien incapable, comme de conduire une Formule 1 par ailleurs), il bénéficiera un jour des innovations qui auront fait leurs preuves sur les terrains extrêmes de la Coupe du monde.

« SEULS NOS MEILLEURS PILOTES ONT DES SKIS ENTIÈREMENT SUR MESURE, EXPLIQUE STÉPHANE MOUGIN, IL SERAIT TOTALEMENT IMPOSSIBLE D'ASSURER UN TEL SERVICE À L'ENSEMBLE DE NOS ATHLÈTES. »

Tout l'Outdoor est
Au Vieux Campeur

FORMATION

PETIT CHAMPION DEVIENDRA GRAND

Quel que soit leur massif d'origine, les membres des équipes de France de ski sont tous passés par les ski clubs de leur station. Ceux-ci jouent un rôle essentiel pour donner le goût du ski et de la compétition aux jeunes, repérer et accompagner les meilleurs d'entre eux jusqu'à ce qu'ils intègrent les comités régionaux puis les groupes fédéraux. Quelle est la recette de ces clubs affiliés à la Fédération française de ski pour détecter et polir les futures pépites ? Éléments de réponse.

TEXTE
MARTIN LÉGER

Reconnaissance lors des Coqs d'or aux Ménuires, le grand rendez-vous annuel pour les jeunes skieurs.

«Lorsque j'avais six ou sept ans, il n'y avait pas beaucoup d'autres activités que le ski à Val d'Isère... et ça m'allait très bien! Je garde d'excellents souvenirs du ski club en tant qu'enfant. Bien sûr, on s'entraînait, mais surtout, on s'amusait sur les skis avec les copains», se souvient Ingrid Jacquemod. Comme la plupart des champions des équipes de France, l'actuelle directrice du club des sports de Val d'Isère (six podiums, dont une victoire en Coupe du monde de ski alpin) a «naturellement» débuté le ski dès son plus jeune âge, dans la station de Haute Tarentaise.
Du côté de Serre Chevalier, les Nils Allègre (victorieux de son premier succès en Coupe du monde l'hiver dernier, en super-G à Garmisch-Partenkirchen), Nils et Sam Alphand sont aussi tombés dans le ski très jeunes, notamment avec l'école. «Il y a une synergie entre le club et les écoles primaires de Saint-Chaffrey, La-Salle-les-Alpes et Le-Monêtier-les-Bains (les villages de la vallée de Serre Chevalier). Les enfants skient avec l'école, encadrés par des moniteurs ESF. L'un des entraîneurs du club suit ces associations, pour repérer les futurs possibles entrants au club. On organise aussi en mars et avril trois demi-journées portes ouvertes, avec nos entraîneurs», explique Patrick Gelato, le président du club de ski de Serre Chevalier.

Ce recrutement via l'école primaire est également de mise du côté du ski club Bois-d'Amont, celui qui a formé les combinés Jason Lamy-Chappuis et Sébastien Lacroix. Ce dernier, qui en est l'actuel président, précise que «l'école se trouve directement à côté des pistes de ski de fond. Sa directrice est une ancienne licenciée du club, et elle pousse pour organiser des séances de ski de fond, dès la grande section de maternelle ou au pire en CP. Les élèves ont généralement six à huit sorties de deux heures pendant l'hiver. À partir du CE1, ils sont encadrés par des moniteurs en formation au Centre national de ski nordique de Prémanon (à quelques pas de Bois-d'Amont)». L'accompagnement de ces sorties scolaires se fait aussi grâce aux parents d'élèves, le plus souvent adhérents du club. Lequel organise en fin d'hiver la Jason Cup (en référence au champion olympique 2010 de combiné nordique), qui est la course de ski de fond des écoles.

DIMENSION LUDIQUE

Si les skis club des stations dont sont issus les champions ont généralement la compétition et le haut niveau dans leur ADN, ils n'infligent pas pour autant d'interminables séances entre les piquets aux plus jeunes. Ingrid Jacquemod souligne combien l'aspect accessible du ski est primordial pour le club des sports de Val d'Isère : «L'important, c'est de développer le plaisir et l'amusement, donc de faire du ski sous toutes ses formes, pas juste de la compétition. Au préclub (entre 7 et 10 ans), on veut que les enfants soient vraiment contents de venir. C'est pourquoi on les fait skier dans toutes les conditions, les bosses, la poudreuse en bord de piste, etc., afin de garder un côté ludique.»
Même topo du côté de Serre Chevalier, où «limer les stades de slalom, ça ne nous intéresse pas. On évite de faire du piquet les jours de poudreuse. On ne fait pas de slalom à outrance, on fait aussi beaucoup de ski libre. Du coup, ça empêche la lassitude», estime Patrick Gelato. Cette diversité dans la pratique semble vraiment être la clé du plaisir, comme le confirme Sébastien Lacroix : «Avec les tout-petits, on passe beaucoup de temps en hors-piste, pour apprendre l'équilibre et la glisse, avec des passages en poudreuse, du slalom entre les sapins... En l'espace d'une heure et demie, les enfants tombent souvent, se relèvent. Ils s'amusent et n'ont pas l'impression de faire des kilomètres de ski de fond. Ce n'est pas ce qu'on leur demande de toute façon. À partir de la catégorie U9, ils commencent à avoir de vraies séances, avec

« "LIMER LES STADES DE SLALOM, ÇA NE NOUS INTÉRESSE PAS. ON ÉVITE DE FAIRE DU PIQUET LES JOURS DE POUDREUSE. ON NE FAIT PAS DE SLALOM À OUTRANCE, ON FAIT AUSSI BEAUCOUP DE SKI LIBRE. DU COUP, ÇA EMPÊCHE LA LASSITUDE", ESTIME PATRICK GELATO, PRÉSIDENT DU CLUB DE SKI DE SERRE-CHEVALIER. »

"WORK IT / MAKE IT / DO IT / MAKE US"

JB Grange avec les enfants du club de Valloire. La valeur de l'exemple crée la passion des futurs grands du ski français.

ESF

Commencer par le commencement derrière un moniteur, avec comme état final recherché : se faire plaisir en glissant.

« "AVEC JASON (LAMY-CHAPPUIS), ON A TOUJOURS ÉTÉ ENTRAÎNÉS DE LA MÊME FAÇON QUE LES AUTRES ENFANTS, MÊME SI ON FAISAIT PARTIE DES TROIS OU QUATRE MEILLEURS ÉLÉMENTS. CELA PROUVE BIEN QUE LE FONCTIONNEMENT DE MASSE PEUT TOUT À FAIT PERMETTRE D'ALLER VERS LE HAUT NIVEAU", ESTIME SÉBASTIEN LACROIX. »

du travail technique et physique spécifique… mais on garde néanmoins un côté ludique avec de temps à autre du hors-piste ou des descentes un peu plus engagées. On essaie aussi de varier les lieux d'entraînements pour éviter la monotonie.»

Il n'empêche que si la dimension de plaisir est importante pour donner le goût du ski aux jeunes, l'accès vers le haut niveau demande un minimum de répéter les gammes. «Il n'y a pas de secret, on n'a rien sans rien. Il faut de l'investissement», résume Ingrid Jacquemod. Cette notion de répétition, indispensable pour «percer», est confirmée en creux par Sophie Roure, la présidente du Grenoble Université Club : «Même si on a une section compétition dynamique et qu'on s'organise avec les clubs de Chamrousse ou des 7 Laux pour offrir à nos meilleurs jeunes un encadrement plus resserré et quelques jours de stages supplémentaires, notamment en amont de la saison, cela doit bien faire au moins cinq ou six ans qu'aucun de nos jeunes skieurs n'est rentré au Comité de l'Isère. Il faut dire que pour performer dans les courses de ski alpin, cela demande d'être sur les skis minimum cinq jours par semaine. Et c'est compliqué à Grenoble, où il n'y a pas de vraies classes sportives. Cela ne permet pas d'avoir d'autres jours dans la semaine pour s'entraîner, en dehors du mercredi et des week-ends.»
Pour espérer intégrer un jour les équipes de France, mieux vaut ne pas prendre de retard à l'allumage. Pour Patrick Gelato, «l'entrée en sixième est déterminante. Il faut être dans les premiers à la Coupe d'Argent – le championnat régional de ski alpin – pour accéder aux classes sportives du collège des Garcins, à Briançon. Ceux qui les intègrent bénéficient alors, de début décembre à fin mars, de deux demi-journées dans la semaine (en plus du mercredi) pour s'entraîner sur les skis. La sélection se resserre encore ensuite, pour déterminer l'entrée ou non au Centre interrégional d'entraînement à Briançon et/ou au Comité. Celle-ci se fait généralement en troisième ou en seconde.»

PAS DE SUIVI INDIVIDUEL EN CLUB

L'entrée dans les comités départementaux ne concerne que quelques skieurs, les meilleurs de chaque club. On pourrait imaginer que les jeunes pépites bénéficient d'un programme individualisé, dès leur plus jeune âge, au sein de leur club. Il n'en est rien. «On ne va pas faire de la championnite en U14 avec un suivi personnalisé, poursuit le président du club de ski de Serre Chevalier. Déjà parce qu'à cet âge-là, la vie sociale est importante. Surtout, aussi bon soit-il, le jeune skieur a besoin des autres pour progresser, pour avoir des repères. En plus, il y a une question de moyens. On n'aurait pas assez d'entraîneurs pour cela.»
Pour Sébastien Lacroix, il n'y a pas lieu d'opposer masse et haut niveau. «On arrive certes à se rendre compte des meilleurs potentiels assez rapidement. Mais au sein de notre club, on ne fait aucune différence entre les jeunes. On espère simplement tous les emmener vers leur plus haut niveau. Les meilleurs n'ont pas de sessions particulières avec les entraîneurs. Ceux-ci peuvent toutefois leur conseiller des séances à faire en autonomie. De toute façon, on ne veut pas faire de ces jeunes des assistés. Parce que s'ils atteignent le haut niveau, il faudra qu'ils apprennent à se gérer tout seuls. Avec Jason (Lamy-Chappuis), on a toujours été entraînés de la même façon que les autres enfants, même si on faisait partie des trois ou quatre meilleurs éléments. Cela prouve bien que le fonctionnement de masse peut tout à fait permettre d'aller vers le haut niveau», estime celui qui compte trois médailles mondiales (dont

Une jeune pousse du club de la Clusaz lors des Coqs d'Or.

« IL N'EMPÊCHE QUE SI LA DIMENSION DE PLAISIR EST IMPORTANTE POUR DONNER LE GOÛT DU SKI AUX JEUNES, L'ACCÈS VERS LE HAUT NIVEAU DEMANDE UN MINIMUM DE RÉPÉTER LES GAMMES. "IL N'Y A PAS DE SECRET, ON N'A RIEN SANS RIEN. IL FAUT DE L'INVESTISSEMENT", RÉSUME INGRID JACQUEMOD. »

deux en or) par équipe, un podium individuel en coupe du monde et une 10e place au classement général de celle-ci en 2013.
Même topo du côté de Val d'Isère, comme l'explique Ingrid Jacquemod : «L'individualisation n'est pas notre manière de fonctionner. Le groupe a une vraie force. Il faut se servir de l'émulation qu'il apporte. On n'est de toute façon pas dimensionné pour individualiser le suivi de nos jeunes. La seule exception, c'est lorsqu'un athlète revient de blessure – en groupe FIS U16 – auquel cas on adapte son programme.» Aucun athlète ne bénéficie d'une cellule personnalisée, pas même les pépites : «Clément Noël n'a pas eu de menu adapté ou de traitement de faveur. Il a juste su faire ce qu'il fallait pour pouvoir partir plus vite», ajoute la directrice du club des sports de Val d'Isère. «Notre travail est réussi si on a donné toutes les cartes à un athlète pour qu'il puisse intégrer une structure telle qu'un comité départemental ou un groupe fédéral.»

En d'autres termes, la fonction des clubs est d'apporter les bases aux jeunes skieurs, mais pas pour finaliser la formation des futurs champions. D'autant plus qu'il ne faut pas négliger la dimension psychologique : «Nos entraîneurs sont là pour donner le goût de l'engagement et de bonnes bases techniques à nos jeunes. Mais on est très attachés à une approche assez saine de la compétition, où la dimension de plaisir doit toujours rester présente. Il faut vraiment que ce soit le projet des skieurs, pas juste de leurs parents. On reste très vigilant sur la compétition à tout prix. On ne voudrait surtout pas épuiser mentalement nos jeunes dès douze ou quatorze ans. Le fait qu'il n'y ait aucun ancien champion ou entraîneur dans nos dirigeants, mais uniquement des parents, nous aide à veiller à un bon équilibre de vie entre le ski et le reste», assure Sophie Roure, la présidente du GUC.
Si les clubs espèrent tous sortir les futurs Alexis Pinturault ou Cyprien Sarrazin, ils ont aussi bien conscience que seule une infime minorité de skieurs intégrera un jour les équipes de France. Pour autant, d'autres débouchés existent pour les jeunes compétiteurs. «Tous les enfants ne rentrent pas au Comité. Mais on a une section Grand Prix pour les jeunes qui veulent passer le monitorat de ski. On en a une vingtaine chaque année, avec un taux de réussite de quasi 100 % au test technique (le "sésame" pour accéder à la suite de la formation, ndlr)», fait fièrement remarquer Ingrid Jacquemod. Des moniteurs qui donneront peut-être un jour le goût du ski – et de bonnes bases techniques – aux futurs Bleus du ski...

SANS ORDINAIRE
JAMAIS D'EXCEPTIONNEL
La Clusaz
Haute Savoie - France

SKIS-CLUBS DE PLAINE

LA GLISSE À TOUS LES ÉTAGES

Parmi les 847 clubs affiliés à la Fédération française de ski en 2023, les deux tiers ne se situent pas en station de montagne (27 % étant même localisés à plus de deux heures de route des domaines skiables), et représentent la moitié des quelque 100 000 licenciés de la FFS. Soumis à la concurrence d'autres sports ou activités de loisirs et devant faire face à de vrais défis logistiques (transport et encadrement notamment), ils parviennent cependant à faire aimer le ski à des milliers d'enfants grâce à des encadrants bénévoles dont l'investissement n'a d'égal que leur immense passion de la glisse et de la transmission.

TEXTE **MARTIN LÉGER**

Les clubs comme l'ESF avec les Flèches et le Chamois, rendent ludique l'apprentissage des piquets.

Tous les mercredis de l'hiver, les jeunes skieurs de la section loisirs du Grenoble Université Club (GUC) partent « d'en bas » à 13 h et reviennent vers 18 h 30... mais ne passent pourtant que deux heures sur les pistes. Autant dire qu'il leur faut une belle dose de motivation pour aller tailler quelques virages sur le domaine des 7 Laux. Du côté du ski club Audois de Carcassonne, le ratio du temps passé sur les planches par rapport à celui de transport (2 h à 2 h 30 dans chaque sens pour aller aux Monts d'Olmes, à Formiguères ou à Ax 3 Domaines) n'est guère meilleur. Ce qui ne dissuade pas une centaine d'enfants et ados âgés de 5 à 17 ans de remplir les deux bus des « samedis à la neige », de janvier à mars, journées à rallonge s'il en est, avec un départ entre 6 h et 7 h et un retour entre 19 h et 20 h.
Si ces contraintes logistiques figurent parmi les principaux freins de la pratique du ski pour les petits citadins, elles n'en ont pas moins certaines vertus, d'après Patrice Raynaud, référent développement au comité de ski Pyrénées Occitanie et président du Ski Club Audois de Carcassonne : « Tout ce temps passé ensemble dans les transports, mais aussi pendant les pique-niques, permet de forger un esprit de famille, et le partage de valeurs qui nous sont chères, comme la générosité, l'entraide (les enfants doivent mutuellement s'aider pour s'habiller), la convivialité ou le respect. »
Cette notion de « grande famille » est aussi mise en avant par Thierry Bouillou, secrétaire du comité de ski du Forez, actuel vice-président du ski club de Chalmazel et ancien encadrant d'un club d'entreprise à Neuville-sur-Saône. « On incite les grands à s'occuper des petits, et ces derniers à écouter les grands. Lorsqu'on se déplace, tout le monde met un peu la main à la pâte pour la cuisine, les devoirs, etc. Ici, les jeunes sont moins pris en charge que dans les gros comités des Alpes. On leur apprend aussi à farter et affûter leurs skis. Ils sont plus autonomes », explique-t-il à propos de l'équipe du comité de ski alpin du Forez, qui rassemble 14 coureurs allant des U12 au U21. Cette solidarité se traduit également par la mutualisation des moyens humains de plusieurs clubs, qu'on retrouve assez souvent dans les clubs de plaine : « Je fais parfois appel aux moniteurs fédéraux d'autres clubs de l'agglomération grenobloise pour trouver des encadrants pendant les vacances », précise Michel Bouillane, le responsable du groupe loisirs en ski alpin au GUC.

ACCOMPAGNEMENT AU MONITORAT

Bien qu'ils soient davantage axés sur la pratique « loisir », les ski clubs de plaine ne négligent pas la compétition, qui est un moyen parmi d'autres de donner le goût du ski. « On fait souvent disputer aux plus petits des courses de type slalom parallèle. C'est une façon de les amener à progresser, explique Michel Bouillane. Dès qu'ils ont le niveau 2e ou 3e étoile, les 6-8 ans font un passage dans les piquets, devant le responsable de notre groupe compétition, pour détecter ceux qui ont un peu de potentiel. Sur 350 enfants en loisirs, on en a chaque année entre 5 et 10 qui intègrent ainsi le groupe compétition ».
Alors bien sûr, ce ne sont pas les skieurs

« BIEN QU'ILS SOIENT DAVANTAGE AXÉS SUR LA PRATIQUE "LOISIR", LES SKIS CLUBS DE PLAINE NE NÉGLIGENT PAS LA COMPÉTITION, QUI EST UN MOYEN PARMI D'AUTRES DE DONNER LE GOÛT DU SKI. ON FAIT SOUVENT DISPUTER AUX PLUS PETITS DES COURSES DE TYPE SLALOM PARALLÈLE. C'EST UNE FAÇON DE LES AMENER À PROGRESSER, EXPLIQUE MICHEL BOUILLANE. »

L'essentiel, est-ce bien de participer ?

citadins qui viendront nourrir les rangs des équipes de France, mais à force de travail, d'investissement et de sacrifice – aussi bien de la part des jeunes que des encadrants et des parents – les clubs de plaine parviennent à former de bons skieurs. « On a eu plusieurs champions des Pyrénées par le passé – et encore en U18 filles cet hiver – et Perrine Laffont a même fait deux ou trois saisons de compétition en ski alpin chez nous », rappelle Patrice Raynaud. Pour Thierry Bouillou, « amener des jeunes d'un ski club de plaine au niveau FIS ou Coupe d'Europe – et a fortiori jusqu'en équipe de France A – est a priori impossible. Mais cela ne nous empêche pas de les accompagner et de les préparer au DE (diplôme d'État) de ski alpin, de façon à leur donner un objectif. Ou alors, pourquoi pas les emmener sur des circuits secondaires (universitaire, FIS Citadines, etc.) ? Après, on ne va pas leur fixer des objectifs particuliers. Quel que soit le résultat, il y a de la bienveillance des entraîneurs. Notre récompense, c'est qu'en fin d'hiver les jeunes viennent nous voir avec le sourire, et disent qu'ils veulent repartir avec nous la saison suivante. »

AMOUREUX DU SKI

Il faut bien garder à l'esprit que les encadrants de ces clubs qui emmènent les jeunes citadins au ski sont quasiment tous bénévoles. S'ils sont pour la plupart « seulement » moniteurs fédéraux, dont le premier degré nécessite une formation de six jours dispensée par la FFS… contre sept ans en moyenne pour des moniteurs diplômés d'État, ces encadrants n'ont rien à envier à ces derniers en termes d'amour du ski. « Sur les 42 moniteurs fédéraux du GUC, nous avons une dizaine de retraités, quelques étudiants, mais surtout des actifs, qui n'hésitent pas à poser des RTT pour encadrer les sorties (on leur offre le transport et le forfait). S'ils s'investissent autant, c'est parce qu'ils adorent le ski et ils aiment l'enseigner. C'est toujours un plaisir pour eux de voir les enfants progresser de sortie en sortie », affirme Michel Bouillane.

Patrice Raynaud souligne également la satisfaction qu'ont les bénévoles à constater l'évolution technique des jeunes. Le président du Ski club Audois de Carcassonne met aussi en avant le plaisir de faire découvrir la nature aux enfants – « même si c'est un milieu un peu hostile au départ » –, le partage de moments de convivialité et le fait d'accompagner ces jeunes pendant plus de dix ans. Surtout, pour celui qui occupe ce poste depuis 19 ans en étant toujours animé par la même passion qu'au départ, « le ski est presque un prétexte pour être ensemble (notamment avec le noyau dur d'une quinzaine de personnes qui anime le club en permanence). On se fait un réseau de malade, très éclectique et multiculturel, avec un brassage des compétences. Ça nous rend meilleurs, parce qu'il faut bien garder en tête qu'il est très difficile de faire les choses tout seul. » Comme au plus haut niveau, c'est dans la force du collectif que les ski clubs de plaine puisent les clés de leur succès.

Anticipez, économisez !
www.valcenis.ski
HMV
Val Cenis
Haute Maurienne Vanoise

Perrier
14
ROSSIGNOL

PARCOURS

UNE VIE À LA FÉDÉ

La Fédération française de ski, ils l'ont intégrée très jeunes et ne l'ont jamais quittée depuis. Des premiers entraînements aux courses, du club au comité, ils ont emprunté la filière jusqu'au plus haut niveau international. À l'issue de leur carrière d'athlète, plusieurs années en tant qu'entraîneurs ont suivi. Aujourd'hui, ils sont devenus dirigeants, partagent leur expérience et s'impliquent, chacun à leur niveau, dans la vie de leur discipline. Ils, ce sont Fabien Bertrand, actuel directeur du ski freestyle au sein de la FFS et Benjamin Melquiond, président de la section alpine du club des sports de Serre Chevalier.

TEXTE
FANNY CASPAR

Premier dossard pour Benjamin Melquiond, à cinq ans : les chiens ne font pas des chats !

LES ANNÉES CLUB

Si tous deux débutent le ski à trois ans et apprennent les bases avec un moniteur, leurs parcours sont pourtant bien différents. Benjamin rejoint le club des sports de Serre Chevalier en 1980, à cinq ans, pour suivre les traces de son frère aîné Guillaume. Il faut dire que la famille baigne dans la compétition. Le père, Jules Melquiond, a fait partie de la grande équipe de France des années 1960-1970. Le slalomeur émérite ne manque pas d'histoires à raconter à ses fils. Et puis, comme le dit Benjamin : «À cette époque, comme tous les petits montagnards, on était attirés par le ski. Et il n'y avait que ça à Serre Chevalier». S'il ne passe pas la ligne d'arrivée de sa toute première compétition, Benjamin se rattrape vite et profite à fond des copains, du plaisir de skier en toute neige et en tout terrain.

De son côté, Fabien est un citadin. Né à Bourg-Saint-Maurice, il vit à Albertville, loin des pistes. Mais ses parents possèdent un appartement à Plagne Bellecôte où il apprend la glisse. Il aime le ski, se découvre téméraire et saute partout. À huit ans, il intègre le groupe ski artistique du club des sports de la Plagne, qu'il rejoint tous les week-ends et durant les vacances scolaires. De ces années-là, il garde le souvenir de l'ambiance, du groupe de copains. «On aimait le sport et on prenait plaisir à se retrouver», dit-il. S'il est contraint de faire les trois disciplines de l'époque, ballet, bosses et saut, ce sont les deux dernières qui lui plaisent. Il se rappelle qu'en catégorie jeune, il gagnait tout. De quoi être motivé à faire les trajets...

EN CHEMIN VERS LA FÉDÉ

Doués et prometteurs, Fabien et Benjamin ne font pas que s'amuser sur les pistes. Portés par l'émulation de groupe et le plaisir de skier, l'un comme l'autre raflent les médailles sur les courses locales, régionales puis nationales. La concurrence est pourtant rude. Les adversaires sont également «les copains avec qui on se tire la bourre», précise le Haut-Alpin. Les retrouver est aussi stimulant que les affronter. Avec son titre de champion de France de géant benjamins et ses podiums dans toutes les disciplines, la sélection au district, puis au Comité se fait naturellement pour Benja. Comme il le dit : «Le parcours a été fluide, évident.»

Même son de cloche pour Fabien qui franchit les étapes une à une et grimpe sur la boîte à chaque course. Entre-temps, il a arrêté le ballet et se consacre principalement aux bosses. Le saut reste un exutoire et une bonne manière de s'entraîner pour les figures. «Les années Comité, c'était les stages, la liberté, l'ambiance colo. Mais surtout l'aspect sportif. On en bavait, mais on était entre nous et l'esprit de camaraderie régnait», aime-t-il à préciser.

La concurrence est rude pour les espoirs français, les places en équipe de France sont chères, et rares. Fabien en fait les frais suite à une péritonite qui le tient éloigné des pistes quelque temps. Peut-être aussi car lui, le citadin, skie moins souvent que ses coéquipiers de station. Sélectionné en équipe de France espoirs nationaux en 1988, il n'intègre pas la SSHN (ancien nom du pôle France d'Albertville).

Les débuts sur la neige pour Fabien Bertrand, et déjà un style bien à lui !

À Garmisch, en 1997. Benjamin concentré sur sa course. À 22 ans, la ressemblance avec son père au même âge est frappante.
Jules Melquiond à Sankt Anton en janvier 1965.

« LES CHOSES ÉVOLUENT DIFFÉREMMENT POUR BENJA. EN 1991, IL INTÈGRE LE PÔLE FRANCE. AU SKI-ÉTUDES, LE PROGRAMME DU LYCÉE S'ÉTALE SUR QUATRE ANS, DURANT L'ÉTÉ. D'OCTOBRE À AVRIL, LES ATHLÈTES SONT LIBÉRÉS POUR SKIER. UNE CHANCE. EN 1994, AUX CHAMPIONNATS DU MONDE JUNIORS DE LAKE PLACID, BENJAMIN ET SES COÉQUIPIERS REMPORTENT TOUT. »

Malgré la déception, il reste fier de sa sélection. «Un jour, tu reçois une lettre pour te dire que tu es sélectionné en équipe de France. Ça marque!», raconte-t-il. Coupes de France, d'Europe, le bosseur rattrape vite le niveau et rejoint l'équipe B.

Les choses évoluent différemment pour Benja. En 1991, il intègre le Pôle France. Au ski-études, le programme du lycée s'étale sur quatre ans, durant l'été. D'octobre à avril, les athlètes sont libérés pour skier. Une chance. En 1994, aux Championnats du monde juniors de Lake Placid, Benjamin et ses coéquipiers (Fred Covili, Laure Péquegnot et Mélanie Suchet) remportent tout. Son titre en super-G le propulse directement en équipe B. Il fait désormais partie du groupe vitesse et s'entraîne avec son cousin Luc Alphand, de dix ans son aîné, véritable source d'inspiration. Il découvre la Coupe du monde l'hiver suivant.

À LA RECHERCHE DU GRAAL SUR LE CIRCUIT MONDIAL

En 1996, sans complexe, le skieur réalise une magnifique huitième place au super-G préolympique de Happo-One, au Japon. Il se paye le luxe de battre nombre d'immenses champions tels que Aamodt, Kjus, Strobl, Nyberg, Cuche, Girardelli. Et Lucho. «J'ai eu la chance de courir avec lui de 1995 à 1997 et de vivre tous ses succès. Pour moi, c'était un véritable booster, un catalyseur. Quand il s'est arrêté en 1997, j'ai perdu comme un grand frère, un repère», précise Benjamin.

Puis, fin décembre 1997, l'espoir se blesse gravement lors de la descente de Bormio : fracture du bassin. Il entre dans une période difficile, perd confiance en lui, cherche des solutions, se fait accompagner par un coach mental, profite du soutien de John Leduc et Lionel Finance, tente de retrouver la flamme. Il va jusqu'à monter sa propre structure avec Anthony Rolland et part s'entraîner en Argentine. Mais les résultats ne suivent pas. «Je ne m'épanouissais plus comme avant, je sentais que je n'étais plus capable», confie-t-il. «J'ai eu le déclic à Kitzbühel, lors de ma dernière Coupe du monde, en 2003. J'ai compris que je n'étais plus dans le même univers que les gars du top 10 et je n'avais plus envie de risquer mon intégrité physique.» Le skieur haut-alpin termine sa saison et remise ses skis.

Pour Fabien, le premier départ en Coupe du monde se fait «à la maison», à La Plagne, en novembre 1990. Premier circuit

L'équipe de France, c'est s'entraîner avec sérieux, mais sans se prendre au sérieux. Ici, Youri Gilg, Raphaëlle Monod, Fabien Bertrand, Éric Berthon, Edgar Grospiron et Fabrice Ougier.

Fabien en action lors de la Coupe du monde de Tignes, en décembre 1992.

la saison suivante. Il raconte : « Je n'aimais pas la préparation physique et je faisais le minimum, mais j'aimais vraiment les bosses. J'allais en stage comme en compétition avec le sourire et l'envie. » Et l'envie, ça paye. Tout autant que l'engagement. Fabien skie vite. Envoie des sauts comme personne. Il est le seul à faire des triples manœuvres sur le premier saut des pistes raides et difficiles de Whistler Blackcomb ou de la Plagne. Cela lui vaut d'ailleurs son surnom de Gros B (pour grosses burnes...).

L'hiver 1993 est décisif. Malgré de nombreux tops 15, Fabien n'est pas certain de se qualifier pour les Championnats du monde, mais, à la veille des sélections, c'est la révélation. Gros B remporte l'épreuve de La Plagne et gagne sa place pour Altenmarkt-Zauchensee et sa très raide piste où il s'avère à son aise. « Je fais ce que je sais faire, dit-il, et je me classe second », juste devant Olivier Cotte.

Comme souvent après un titre, c'est relâche. Fabien parvient difficilement à se mobiliser et rester tout en haut du classement. Il remporte l'épreuve en parallèle de Tignes en décembre 1995, mais se blesse au genou quelques jours plus tard : luxation de la rotule. Saison terminée.

« FABIEN SKIE VITE. ENVOIE DES SAUTS COMME PERSONNE. IL EST LE SEUL À FAIRE DES TRIPLES MANŒUVRES SUR LE PREMIER SAUT DES PISTES RAIDES ET DIFFICILES DE WHISTLER BLACKCOMB OU DE LA PLAGNE. CELA LUI VAUT D'AILLEURS SON SURNOM DE GROS B (POUR GROSSES BURNES…). »

« CHACUN RÉINTÈGRE SON CLUB POUR DEVENIR ENTRAÎNEUR, AVEC UN POINT COMMUN : L'EXIGENCE. BENJA EXPLIQUE : « J'ÉTAIS AUSSI EXIGEANT AVEC EUX QU'AVEC MOI-MÊME. EN PARTICULIER SUR LE TERRAIN, MAIS J'ÉTAIS ÉGALEMENT BIENVEILLANT, ATTENTIF, AFIN QU'ILS AIENT CONFIANCE EN EUX EN TOUTE CIRCONSTANCE. »

Il ne retrouve jamais vraiment le niveau et met un terme à sa carrière début décembre 1997, après une honorable 17e place à Tignes. Pas le temps de cogiter sur sa reconversion, il enchaîne en tant que chef de course la semaine suivante sur l'épreuve de La Plagne où il prépare les bosses à la machine.

UNE MISSION : LA TRANSMISSION

De leurs années de compétition, si Fabien conserve un titre dont on lui parle encore chaque mois, les deux skieurs gardent en tête le souvenir « d'une belle époque, ça ne nous coûtait rien et on gagnait même un peu d'argent. On faisait le tour du monde et on passait l'année à faire ce qu'on aimait, entre potes », dixit Fabien. Ils retirent surtout une solide expérience et l'envie de transmettre aux jeunes, de les accompagner, de leur faire bénéficier de ce qu'ils ont appris afin qu'ils évitent les écueils qu'ils ont rencontrés. Chacun réintègre son club pour devenir entraîneur, avec un point commun : l'exigence. Benja explique : « J'étais aussi exigeant avec eux qu'avec moi-même. En particulier sur le terrain, mais j'étais également bienveillant, attentif, afin qu'ils aient confiance en eux en toute circonstance. »

Le jeune éducateur prend la relève, en 2003, de Jean-Michel Turc au club de Serre Chevalier, où il est rapidement rejoint par son ami Kevin Page. Il accompagne et voit grandir un groupe prometteur de jeunes (Nils Alphand, Nils Allègre, Cyprien Sarrazin, entre autres...) du club au comité. Pleinement investi, il place systématiquement l'athlète au cœur du projet et s'attache à englober tous les aspects indispensables à son épanouissement, tant au niveau personnel que sportif, psychologique, familial ou scolaire. Quitte à entrer dans l'expérimentation, et ça fonctionne.

Ça marche aussi côté freestyle pour Gros B. Après une saison avec le club de La Plagne, il rejoint la FFS pour gérer le groupe Coupe d'Europe puis, en 2003, devient chef d'équipe. Avec son esprit matheux, sa capacité d'analyse, son passé d'athlète, Fabien prend vite ses marques et les résultats sont là. Si un de ses plus grands regrets reste « de ne pas avoir fait les Jeux en tant qu'athlète », il y participera néanmoins cinq fois comme entraîneur ou directeur. Sa plus grande fierté? La médaille de bronze de Sandra Laoura à Turin en 2006. Il raconte : « Ça n'était pas gagné parce qu'elle s'était blessée en décembre à Tignes. Alors on a tout programmé : sa rééducation, son retour, son run, tout. Et ça a fonctionné ! ». Gros coups durs en revanche pour l'équipe : Sandra se blesse grièvement en 2007 perdant l'usage de ses jambes, puis Yoann Lizeroux, ex-coach assistant, se tue accidentellement en 2008. Des drames qui restent extrêmement rares, mais qu'il faut savoir gérer. En 2011, le chef d'équipe, alors jeune père de famille, raccroche et transmet les rênes à Bertrand Couette.

ET APRÈS?

Troquant ses lattes contre une calculatrice, Gros B prend de nouvelles fonctions au sein de la Fédération, d'abord comme directeur du développement freestyle, puis directeur du ski freestyle, en 2014. Sélection des équipes, recrutement de l'encadrement, gestion du budget, de la scolarité, chef de compétition sur les étapes françaises, le tout pour toutes les disciplines freestyle, excepté le skicross, une large mission, administrative plus que sportive, politique, qui se gère plus souvent au bureau que sur les pistes.

Fabien explique : « C'est un travail de compromis constant. Je me bats pour être le plus juste et le plus équitable

POSTER

Le point fort de Fabien Bertrand était son engagement, en particulier sur les sauts, prenant plus de hauteur que les autres skieurs.

possible avec un budget de plus en plus serré, bien que l'on cherche des solutions en permanence. Tout le monde se plaint, avec raison, et ce n'est pas agréable de s'en prendre plein la figure, mais c'est le poste qui veut ça. Heureusement, j'ai la chance de travailler au quotidien avec des collègues efficaces avec lesquels je m'entends très bien.» Ce qu'il n'aime pas en revanche, c'est annoncer à un coureur qu'il n'est plus sélectionné. «C'est quand même plus plaisant d'appeler pour les bonnes nouvelles...», souligne Fabien.

Autre casquette, et pas des moindres, celle de père d'une jeune athlète. Sa fille cadette Lise a pris la relève dans les bosses et semble vouée à une carrière prometteuse avec pas moins de six tops 10 en Coupe d'Europe. Malgré son poste et son expertise, Gros B s'attache à garder sa place de parent et à accompagner sa fille avec recul et sérénité.

Benjamin de son côté officie durant dix ans en tant qu'entraîneur, jusqu'à accepter la direction des équipes de France féminines, un nouveau défi qu'il relève avec enthousiasme. Malgré les titres de championnes du monde de Tessa Worley et Marion Rolland, la sauce ne prend pas comme espéré. «Ça n'a pas fonctionné, car j'avais envie de bousculer les lignes pour faire la place à de jeunes skieuses prometteuses comme Estelle Alphand, Clara Direz, Romane Miradoli... », assume Benjamin. Peut-être que le contexte n'était pas propice, que des tensions existaient dans l'encadrement, et puis les blessures se sont enchaînées. À la fin de la saison 2014, le directeur éphémère quitte son poste. «J'étais malheureux, mais je crois que ça a été salutaire pour moi parce que je me suis lancé dans autre chose», avoue-t-il.

Désormais propriétaire d'un restaurant à Serre Chevalier, le skieur reste impliqué dans la vie du club local en tant que président de la section alpine et vice-président du club. Toujours passionné, il suit la Coupe du monde, en particulier les jeunes talents qu'il a formés et dont il reste proche. «Je me régale à voir au plus haut niveau Cyprien Sarrazin, Nils Allègre, la fratrie Alphand et Chiara Pogneaux», assure-t-il. Bref, le cœur de Benjamin n'est jamais bien loin de la fédé.

Toujours impliqué dans le ski club de Serre Chevalier, Benjamin reste proche de la compétition.

FRANCE

MÉDAILLE D'OR

Souvenirs de champions olympiques

Souvent, c'est par la nature du sujet qu'ils traitent que les articles donnent le vertige à leurs auteurs, mais cette fois-ci ce n'est pas le cas. Rendre compte des points de bascule dans la carrière de grands sportifs n'est pas à proprement parler vertigineux. Certes, il faut recueillir une matière première digne de votre curiosité, mais l'exercice touche avant tout au sublime, comme à l'anecdotique. Finalement, à une forme d'alchimie.

TEXTE
JOHANN PELLICOT

Émotion pour Clément Noël lors de l'hymne français sur le podium olympique de Pékin. Un rêve qui s'accomplit.

En commençant ce dossier, le sentiment d'être perché sur un sommet à la hauteur déraisonnable vient plutôt de la personnalité même des interviewés ; cette espèce, par essence rare, ces membres d'un cercle fermé parmi le club déjà restreint des virtuoses de la neige : les champions olympiques français de sports d'hiver.

La passion du monde entier pour les Jeux olympiques s'est forgée autour de nombreux symboles – l'universalité, la flamme, la cérémonie d'ouverture, etc. – au premier rang desquels figurent les champions olympiques. En France, ils sont une trentaine de femmes et d'hommes titrés dans les disciplines affiliées à la Fédération française de ski. Une trentaine parmi des millions de licenciés, parmi les innombrables pratiquants, parmi une foule de passionnés.

La difficulté ne vient donc pas tant de donner la parole à ces mythes fondateurs de notre culture sportive montagnarde, de les inciter à raconter ce qui les a occupés, ce qui nous a fait rêver. À longueur d'interviews, de conférences, de films ou de pièces de théâtre, tout a été dit des courbes plus ou moins serrées qui les ont amenés à se parer d'or : Martin Fourcade et son frère Simon, les skis courts de Jean-Pierre Vidal, la domination assumée de Marielle Goitschel, etc.

Non, la peur du vide résulte d'une volonté non acceptée de tenter d'apporter un regard nouveau sur ces trajectoires. Je viens de terminer mon dixième entretien avec Pierre Vaultier, double champion olympique de snowboard cross. Je réalise que sa rupture du ligament croisé, deux mois avant les Jeux de Sotchi, la libération que cela a provoquée en lui, et la mission impossible qui s'en est suivie, ne sont pas si éloignées des deux derniers mois de reconstruction de Carole Montillet avant Salt Lake City suite au décès de Régine Cavagnoud, ou de ceux de Marie Dorin-Habert avant Pyeongchang après une saison blanche.

Et si les bouts de récits individuels prenaient une nouvelle coloration à la lueur de leur juxtaposition ? Un tout à créer artificiellement et dont nous pourrions tirer quelques enseignements pour notre propre curiosité et celle des générations de champions français qui, nous l'espérons, continueront de garnir les podiums des Jeux olympiques, en 2030 et au-delà.

Tout comme j'avais cru que les médailles d'or étaient faites d'or, j'avais imaginé que les légendes olympiques se forgeaient dans la légende. Certes, les moments de bascule qui m'ont été rapportés étaient parfois liés à l'inspiration d'un grand champion, à l'image d'une course magistrale. Mais, tout aussi souvent, c'est dans un bref souvenir, grâce à une phrase passagère, un infime ressenti que le destin de ces champions a basculé.

Commençons par le commencement. N'importe quel gamin inscrit dans n'importe quel ski club de France a rêvé d'être champion olympique. C'est justement dans l'enfance que se forgent nombre de ces grands destins. Il est étonnant de réaliser à quel point la glisse est décrite comme un plaisir, la neige comme une passion. Ils sont nombreux à faire de leur liberté un atout vis-à-vis de ceux qui ont pris le chemin de la compétition plus tôt, trop tôt. Et puis, enfants, il y a ces souvenirs qui marquent à jamais : Edgar Grospiron qui côtoie Jean Vuarnet à Avoriaz, Jean-Pierre Vidal dont le prénom est un hommage à son oncle Jean-Pierre Augert, coureur de Coupe du monde décédé précocement, Jean-Luc Crétier à qui Danièle Debernard confie sa médaille lors de son retour à La Plagne, après les Jeux d'Innsbruck.

Doublé gagnant et duo amical, Jean-Claude Killy et Guy Périllat dominent la descente des JO de Grenoble 1968.

Franck Piccard, médaille d'argent de la descente olympique d'Albertville 1992, après sa médaille d'or en super-G à Calgary quatre ans plus tôt.

« N'importe quel gamin inscrit dans n'importe quel ski club de France a rêvé d'être champion olympique. C'est justement dans l'enfance que se forgent nombre de ces grands destins. »

L'arrivée de l'adolescence correspond à la fin d'une forme d'insouciance, la prise de conscience qu'il faudra travailler plus dur que les autres pour réussir : choisir de quitter sa région et ses parents pour Martin Fourcade ou Clément Noël, skier l'été au-dessus de Chamonix alors que personne ne le fait quand on s'appelle Marielle ou Christine Goitschel.
Au début de carrière, il y a les premières fois : la première fois qu'on s'élance aux côtés d'un grand champion, la première fois qu'on parvient à se mesurer à lui, même brièvement, la première fois qu'on monte sur un podium, qu'on gagne, qu'on prend conscience de son potentiel, qu'on change définitivement de statut avant d'entrer dans la légende.
On se met à croire en ses rêves, mais il reste le plus dur : rentrer dans ce «club très fermé, un club dont tu seras membre toute ta vie», comme le dit Jean-Claude Killy à Jean-Luc Crétier après son titre en descente à Nagano.
Il y a toujours, sous une forme ou sous une autre, le collectif qui vient entourer l'athlète, suppléer l'individu. On cite volontiers ses entraîneurs : Nano Pourtier, Michel Lucatelli, Thierry Dusserre ou Jean Béranger, ces noms plus connus des puristes que du grand public, souvent d'anciens champions eux-mêmes, qui créent l'environnement propice au développement de la technique, de la confiance et des résultats qui y sont liés. On n'hésite pas à affirmer, quelles que soient les générations, à quel point cette passion commune, les voyages et les risques font du ski le plus individuel des sports d'équipe. Les Top Gun dont on parle comme d'un groupe de rock, Marielle Goitschel qui, débit mitraillette à l'appui, évoque Famose-Bochatay-Steurer-Mir comme si c'était un seul nom composé, Jean-Frédéric Chapuis qui insiste sur le fait que ce sont les anciens qui lui ont appris le métier, Clément Noël à qui les médailles de Johan Clarey et de Mathieu Faivre ont donné l'envie de tout donner.
J'avais imaginé des athlètes qui, à l'approche du Jour J, se referment dans une bulle hermétique. J'ai été frappé par le nombre de contre-exemples qui m'ont été rapportés. Il y a tout d'abord une certaine appétence pour la prise de risque calculée : Jean-Luc Crétier qui décide de freiner, Pierre Vaultier qui prend le départ un ligament en moins, Carole Montillet qui choisit une paire de skis qu'elle n'a jamais touchée. Il y a aussi et surtout ceux qui étendent encore la notion de collectif, s'ouvrent à des rencontres imprévues, des regards curieux, des conseils extérieurs. Il est passionnant de constater à quel point quelques mots inattendus peuvent agir comme un remède ultra-puissant contre les blocages qui s'étaient trop longtemps coincés dans les interstices de la psyché qui séparent l'être humain du champion olympique.
Enfin, on invoque souvent la chance des derniers instants, un supplément d'âme, comme si devenir champion olympique sans une pointe d'irrationalité était quasiment impossible. C'est d'ailleurs aux confins d'une forme de mysticisme, de l'anecdotique et de l'intime que nos échanges ont souvent pris fin.
Pour boucler la boucle, mes interviews ont toutes été conclues par la même question : quand vous êtes rentrés avec votre médaille d'or autour du cou, aviez-vous conscience d'être devenu un exemple pour les prochaines générations? Je vous demande de me croire, toutes et tous ont évoqué, avec une émotion non feinte, les rencontres avec les enfants, comme si donner le sourire à un gamin représentait l'aboutissement de leur chemin. Et que dire de la fierté bien placée, quand, parfois 60 ans plus tard, des adultes viennent, parés de leurs sourires d'enfants, leur dire qu'ils les ont inspirés.
Si vertige il y a, c'est à se rendre compte que, bien que jalonné d'autres formidables victoires, le chemin parcouru par notre panel non représentatif jusqu'au titre olympique est quasi systématiquement pris en sandwich entre des souvenirs d'enfance et les quelques jours ou heures précédant LA course. Comme s'il était essentiel que ces deux extrémités temporelles soient mémorables pour que leur image reste gravée dans nos mémoires.

Jean-Frédéric Chapuis

Champion olympique de ski cross, Sotchi 2014

L'ESPRIT SKI CROSS

Je me suis mis au ski cross après Vancouver. J'avais vu le ski cross à la télévision aux Jeux, ce mélange de technique, de vitesse et de bagarre m'avait beaucoup plu. Je me souviens de la victoire de Michael Schmid et de la course d'Enak Gavaggio, mais en réalité, je suis arrivé sur le circuit sans grande culture de ce sport. J'ai tout appris d'un coup, c'est ça qui était génial. Ce que je retiens, ce n'est pas un moment en particulier, c'est vraiment la force de l'équipe. Michel Lucatelli, l'entraîneur, qui est venu me chercher, les tauliers de l'équipe de France comme Ted Piccard ou Sylvain Miaillier qui m'ont enseigné les secrets de la discipline. En 2013, je suis devenu champion du monde pour la première fois avec Bastien Midol à mes côtés sur le podium. On était dans un sport individuel, mais on avait tous besoin les uns des autres, on se faisait progresser. Cette équipe m'a porté jusqu'à mon titre olympique et à cet incroyable podium à Sotchi*. On reste encore très soudés aujourd'hui.

* En 2014, lors des Jeux olympiques de Sotchi, Jean-Frédéric Chapuis partage le podium avec Arnaud Bovolenta (2e) et Jonathan Midol (3e).

La délivrance pour Jean-Fred Chapuis, une médaille qui va lui ouvrir trois années de domination totale sur son sport.

Marielle Goitschel

Double championne olympique de géant en 1964 à Innsbruck et de slalom en 1968 à Grenoble

Marielle Goitschel sur le podium des JO de Grenoble. Dominer une saison et être au rendez-vous d'une course d'un jour aussi importante n'est pas forcément chose aisée…

PORTILLO : LE SKI D'ÉQUIPE

À mon époque, c'était difficile d'avoir des modèles féminins. Les filles en ski, il en fallait, mais on ne les prenait pas vraiment au sérieux. Rappelons quand même que pour beaucoup, les femmes n'étaient bonnes qu'à faire du tricot. Il y avait bien Christl Cranz ou Olga Chappaz, qui avait été la première monitrice de ski envers et contre tous. Moi, ce que je retiens, c'est qu'avec ma sœur Christine, Annie Famose, Madeleine Bochatay, puis, un peu plus tard, Florence Steurer et Isabelle Mir, on a été des pionnières. À Portillo, on était une équipe vraiment soudée. On était logées dans un dortoir avec des lits superposés, et on avait affiché sur la porte de notre chambre « La meilleure équipe du monde », traduit en anglais et en allemand. À l'époque, on ne dormait pas dans des quatre étoiles, mais on était sûres de notre coup, et ça s'est révélé vrai : on a tout gagné là-bas !

INNOVER AVEC LE SKI D'ÉTÉ

On a été parmi les premières à s'entraîner l'été. Francis Exbrayat, un client de l'hôtel de mes parents, nous emmenait en voiture à Chamonix skier à la pointe Helbronner. Je considère qu'avec Christine, on lui doit une partie de nos médailles aux Jeux. Après, avec Adrien Duvillard et Charles Bozon, on skiait toute l'année, et cela a contribué à nous donner une avance considérable. On a un peu lancé l'idée des stages d'été. En 1965 par exemple, avec Killy, Lacroix et Madeleine Bochatay, on est allés en Australie et en Nouvelle-Zélande, on a skié tous les jours, c'était formidable. Par la suite, tout le monde nous a copiés.

« Ici Nagano » : Jean-Luc Crétier, plus malin que les autres concurrents dans la descente olympique de 1998, gère le passage clé où Hermann Maier s'était envolé au-dessus des filets…

Jean-Luc Crétier

Champion olympique de descente en 1998 à Nagano

LA MÉDAILLE DE DANIELLE DEBERNARD ENTRE LES MAINS

Je suis originaire de La Plagne, cela a toujours été un club pourvoyeur de champions. J'ai été marqué par le retour de Danielle Debernard*, ma cousine, après sa médaille de bronze aux Jeux d'Innsbruck. Je devais avoir dix ans, elle s'est arrêtée face à moi et m'a donné ses médailles dans les mains en me disant : « T'as plus qu'à faire mieux ! » C'était dans la galerie commerciale de la station, il y avait un monde fou, mais, d'un coup, nous étions seuls. J'ai été profondément marqué par ce moment et je l'ai toujours gardé en tête. Tout au long de ma carrière, je faisais réapparaître cette image avant les occasions importantes.

* Après avoir remporté la médaille d'argent en slalom lors des Jeux de Sapporo en 1972, Danielle Debernard décroche le bronze en géant à Innsbruck en 1976.

DANS LES TRACES D'UNE LÉGENDE

En 1989, j'étais encore slalomeur, je faisais de la descente pour les combinés. Je me rappelle avoir couru à Shiga Kogen au Japon alors qu'Ingemar Stenmark* disputait l'une de ses dernières courses. Pour moi, c'était un monument. Enfant, j'avais son poster dans ma chambre, et, là, j'étais à ses côtés sur le circuit, le petit jeune qui marchait à côté d'une légende de son sport, c'était le mont Olympe.

* Le skieur suédois aux 86 victoires en Coupe du monde met un terme à sa carrière au Japon après une dernière victoire signée en slalom géant lors de l'étape d'Aspen (USA).

Antoine Dénériaz

Champion olympique de descente en 2006 à Turin

Antoine Dénériaz proche de rentrer dans l'histoire à Turin alors que, quelques années plus tôt, trois Français entraient dans le top 4 de Kitzbühel : Nicolas Burtin, Jean-Luc Crétier et Adrien Duvillard.

PHILIPPE VERNERET, L'IDOLE DU VILLAGE

La période qui m'a vraiment marqué, c'est celle du ski club. On était 30, 40 gamins, on faisait de la poudreuse, on sautait les chemins. Morillon, c'est une station de moyenne altitude, il y avait peu de risques, on skiait du matin au soir. Le week-end, on arrêtait tout pour voir Philippe Verneret courir en Coupe du monde. Philippe, on le regardait à la télé et c'était l'idole du village – mon idole – et c'était déjà un descendeur ! Grâce à lui, tout petit, je rêvais de gagner des Coupes du monde. Aujourd'hui, quand on se rencontre, je lui reparle de cette époque et lui de mon retour pour fêter le titre olympique.

1992, ANNÉE CHARNIÈRE

Je suis rentré en FIS en 1992, l'année des Jeux olympiques d'Albertville. Comme tous les skieurs de ma génération, ces Jeux nous ont énormément marqués. La médaille d'argent de Franck Piccard sur la face de Bellevarde, c'est comme si c'était hier. On était en stage à Flaine et on a arrêté l'entraînement pour aller voir sa course, c'était magique. Ensuite, j'ai même pu assister au slalom pour soutenir François Simond, qui était du massif.

LE TRIPLÉ D'UNE GÉNÉRATION

J'ai couru ma première Coupe du monde en 1996. Pendant quelques années, j'ai fait mes gammes en Coupe du monde, c'était parfois compliqué sportivement. J'ai eu des moments de doute, mais c'était quand même chouette de faire partie de cette équipe. C'était les années Alphand, il y a eu le titre de Jean-Luc Crétier ! J'ai aussi un super souvenir du triplé de Nicolas Burtin, Jean-Luc Crétier et Adrien Duvillard derrière Didier Cuche* à Kitzbühel.

* En 1998, Didier Cuche remporte sa première victoire en Coupe du monde devant les trois Français lors d'une descente raccourcie et courue en deux manches.

Edgar Grospiron

Champion olympique de ski de bosses en 1992 à Albertville

AU CONTACT DE JEAN VUARNET

Mes parents étaient les gérants de Vuarnet Sport à Avoriaz, le magasin de Jean Vuarnet. Il était présent et accessible. Je ne peux pas dire qu'il m'ait incité à devenir champion olympique, j'étais trop jeune. Mais cela m'a marqué, je voyais bien la fierté que mes parents avaient de travailler pour lui, il y avait ses médailles dans le magasin, on ressentait son aura quand il était là. C'était quelque chose. Je me rendais aussi compte de la pression qu'il y avait autour de son fils Patrick, à qui tout le monde disait : «Ah, c'est toi le futur champion!», alors que ce n'était pas son truc. A posteriori, moi, je n'avais aucune pression, le ski n'était qu'une passion.

> « 1989 est une double année charnière pour moi. Je n'ai encore que 19 ans et j'arrive au Championnat du monde. [...] Je gagne et, là, je change vraiment de dimension. »

AVOIR UN BOSS

Pour ma première saison dans le groupe espoir, je gagne la Coupe d'Europe. En 1987, pour ma deuxième saison, je pense logiquement monter en Coupe du monde, mais Nano Pourtier*, l'entraîneur de l'équipe de France, me laisse en Coupe d'Europe pour que j'apprenne le métier. À la fin de la saison, j'ai une place en tant que Français à la finale de la Coupe du monde de La Clusaz. Je termine derrière le vainqueur du circuit. Avec un petit sentiment de revanche, je dis à Nano : «Tu vois, je viens te prouver que j'avais raison.» Il me répond exactement par cette même phrase. Avec le recul, il avait raison. L'année d'après, je savais que j'avais un patron et que je pouvais redescendre n'importe quand. À Calgary, les bosses étaient un sport de démonstration. Nano avait annoncé la couleur, les trois meilleurs de la saison vont aux Jeux. Avant les Jeux, il renvoie à la maison Philippe Bron, le leader mondial, et je fais une médaille de bronze. L'exigence était la même pour tout le monde.

* Nano Pourtier, premier vainqueur du classement général de ski de bosses en 1981 et 1982, devient directeur des équipes de France de ski artistique et acrobatique de 1985 à 1993.

JEAN-CLAUDE KILLY ET LA NAISSANCE DE L'EXIGENCE OLYMPIQUE

1989 est une double année charnière pour moi. Je n'ai encore que 19 ans et j'arrive au Championnat du monde. C'est un parallèle avec élimination directe, un format que j'apprécie, car il allie la technique, le show et un peu d'intox. Je gagne et, là, je change vraiment de dimension. Un peu plus tard, Jean-Claude Killy annonce que les bosses vont être olympiques à Albertville. Raphaëlle Monod et moi sommes des chances de médailles et Jean-Claude sait que pour que des Jeux soient réussis, il faut des médailles françaises. Après cette annonce, j'ai décidé d'assumer mon statut pour élever notre niveau collectif. Moi, j'étais un exécutant, je n'intervenais pas du tout dans l'entraînement ou la préparation physique. Par contre, j'ai dit à Nano* et à l'équipe : «Maintenant, entraînez-moi comme un champion olympique, pas comme un champion du monde.»

Edgar à Tignes, lors de la finale des Jeux en février 1992. Le run de la victoire.

16

Marie Dorin

Championne olympique de biathlon (relais mixte) en 2018 à Pyeongchang

10/10 au tir pour Marie Dorin, première relayeuse, qui lance l'équipe de France à la troisième place provisoire du relais mixte. Après le bronze viendra l'or à Pyeongchang en 2018...

LE DERNIER SPRINT DE VINCENT DEFRASNE À TURIN

2006 est une année charnière dans ma carrière : j'étais encore au Comité de biathlon du Dauphiné, j'avais de bons résultats chez les jeunes, mais je n'étais pas montée en Coupe du monde. J'ai été très marquée par la victoire de Vincent Defrasne aux Jeux de Turin. Il y a eu cette dernière ligne droite mythique face à la légende Bjørndalen. Ils étaient au coude à coude, c'était la folie, et à la fin, c'est Vincent qui a gagné! Ça m'a rendue vraiment heureuse pour lui, j'ai pleuré. Je ne le connaissais pas très bien, mais je le trouvais tellement sympa que c'était un mélange de bonheur pour lui et de fierté pour mon pays. L'année d'après, je rentrai en Coupe du monde portée par ces images.

SANDRINE BAILLY, UN SOUTIEN DE TAILLE APRÈS UNE MÉDAILLE INATTENDUE À VANCOUVER

À Vancouver, j'ai été la dernière sélectionnée, j'y suis allée en mode découverte. C'était un événement à échelle humaine, je me suis tout de suite sentie très bien là-bas. On courait le lendemain de la cérémonie d'ouverture, donc on ne pouvait pas défiler, on la regardait à la télévision et, à un moment, je me suis dit : «T'es aux Jeux, vas-y à fond!». Ça m'a vraiment plongée dans ces Jeux. On croisait les grandes stars, on observait ce qu'ils mangeaient, comment ils faisaient leur séance d'entraînement, on en profitait parfois pour échanger. J'ai vécu ces Jeux comme un émerveillement permanent. Et puis, il y a eu ma médaille* qui n'était attendue par personne, pas même par moi. À ce moment-là, Sandrine Bailly a été quelqu'un de très important. Alors qu'elle-même visait une médaille, elle m'a enveloppée de ses conseils et de sa gentillesse pour me permettre de gérer ce qui m'arrivait.

* Le 13 février 2010, Marie Dorin rapporte la médaille de bronze à l'épreuve de sprint, première médaille des Jeux de Vancouver pour la délégation française.

Carole Montillet en piste pour la victoire olympique à Salt Lake City 2002.

Carole Montillet

Championne olympique de descente en 2002 à Salt Lake City

UN PREMIER PODIUM AU GOÛT DE REVIENS-Y !

En 1992, j'ai fait mon premier classement en Norvège, lors de la descente préolympique*. La piste était très facile, j'avais un profil de glisseuse et je suis allée chercher cette médaille. Je me suis rendu compte que c'était hyper agréable d'être sur le podium, cela m'a donné envie d'y revenir. À partir de ce moment-là, j'ai beaucoup plus travaillé mon physique et ma technique pour pouvoir gagner sur d'autres types de pistes. Ce sont des années où j'étais au contact de filles comme Carole Merle et Nathalie Bouvier. Évidemment, je m'inspirais de leur technique, mais il y avait aussi une bonne ambiance. À l'époque, nous n'avions pas de portables, nous passions beaucoup de temps à jouer aux cartes !

* Carole prend la troisième place de la descente de Kvitfjell.

SE RECONSTRUIRE APRÈS LE DÉCÈS DE RÉGINE CAVAGNOUD

Régine est décédée le 31 octobre. Jusqu'en janvier, je n'arrivais pas à dormir du tout. En plus, j'avais tout le temps peur sur les skis. Quand j'ai été nommée porte-drapeau, je savais que c'était un hommage à Régine. Évidemment, c'était magnifique mais, pour moi, cela a été très dur à gérer. En janvier, à Cortina d'Ampezzo, j'ai su que je n'avais plus la lucidité nécessaire pour m'élancer en Coupe du monde. Je suis partie m'isoler aux États-Unis, on s'entraînait à San Diego, cela m'a vraiment permis de prendre de la distance. Lors de la cérémonie d'ouverture, j'attendais dans le stade pendant trois heures avec le reste de la délégation. C'était festif, joyeux, je me suis sentie portée, cela m'a redonné le sourire. Aux entraînements, j'étais encore loin, mais j'allais mieux. Le 11 février, la descente a été reportée au lendemain. Tout était prêt, on avait fait la reconnaissance, préparé les skis, le sac de course. À ce moment-là, je tombe sur François Sedan* qui me dit : « Alors, tu étais prête pour aujourd'hui ? » Je lui réponds que oui et il me lance : « Cool, maintenant t'as juste à penser à skier vite ! ». Peut-être qu'il a dit ça à plein de skieurs, peut-être qu'il ne s'en souvient même pas. Pour moi, cela a tout changé. Tout est devenu plus léger. Le jour J, j'étais ouverte d'esprit, j'ai décidé de prendre une paire de skis sur laquelle je n'étais jamais montée, mais qui allait vite. Je n'ai rien réinventé, j'ai juste retrouvé mes sensations et le sourire.

* Entraîneur de l'équipe de France puis de l'équipe de Suisse, François Sedan est alors directeur de la compétition chez Rossignol.

Jean-Pierre Vidal

Champion olympique de slalom en 2002 à Salt Lake City

Jean-Pierre Vidal en or, Sebastien Amiez « Bastoune » en argent. Deux générations de skieurs pour un magnifique doublé français à Salt Lake City.

JEAN-PIERRE ET JEAN-NOËL AUGERT, UNE HISTOIRE DE FAMILLE

Avant même d'avoir chaussé les skis, la compétition de haut niveau c'était déjà mon histoire, mon rêve. Je suis le cousin de Jean-Noël Augert, mais c'est surtout à travers Jean-Pierre Augert* que la passion m'a été transmise. Jean-Pierre a couru à l'époque de Jean-Claude Killy, il a fait plusieurs podiums en Coupe du monde avant de décéder dans une avalanche, un an avant ma naissance. Mes parents m'ont appelé Jean-Pierre en son hommage, ma grand-mère qui me gardait quand j'étais petit m'amenait dans une pièce avec ses trophées et ses photos, elle me racontait l'histoire de son fils ; son histoire de skieur. Lorsque j'ai gagné Kitzbühel en 2006, j'ai beaucoup repensé à ces moments.

* Jean-Pierre Augert, l'oncle de Jean-Pierre Vidal, est l'auteur de trois podiums en Coupe du monde

LE CHOIX DES SKIS COURTS

Dès le début de saison, j'ai choisi les skis les plus courts autorisés, des 155 centimètres, alors que certains hésitaient encore. Je pouvais ainsi faire de gros écarts dans la pente et on savait que le mur final de Salt Lake était vraiment raide. Moi j'arrivais, je n'étais pas leader, donc j'ai pris ce risque qui s'est avéré payant.

ET BODE MILLER BAISSA LÉGÈREMENT LA TÊTE

Bode Miller était chez lui aux États-Unis. Pour le combiné, il faisait une manche de slalom exceptionnelle. À ce moment-là, il allait très vite en slalom et c'était le seul à me faire douter. Je ne pensais qu'à une seule chose : pour gagner, il faut battre Bode. À la première manche, il part premier et je pars avec le dossard 3. Je passe la ligne d'arrivée et je vois que je suis trois dixièmes devant lui. Dans la raquette, je le vois baisser légèrement la tête. Comme dans un match de boxe, j'ai senti que le coup avait porté, que j'avais pris l'ascendant psychologique. S'il avait gagné la première manche, je n'aurais jamais pu aller le chercher, il ne se serait pas mis en danger à la seconde*. C'est ce duel avec Bode qui m'a permis de me transcender, un peu comme on l'a vu cet hiver entre Cyprien Sarrazin et Marco Odermatt.

* Bode Miller, deuxième à l'issue de la première manche, sort lors de la seconde.

Martin Fourcade

Double champion olympique de biathlon en 2014 à Sotchi (individuel et poursuite), et triple champion olympique en 2018 à Pyeongchang (poursuite, mass start et relais mixte).

QUITTER SES PARENTS POUR LES ALPES ET UN ENTRAÎNEUR MÉDAILLÉ OLYMPIQUE

Je suis parti des Pyrénées à 15 ans pour rejoindre le sport-études de Villard-de-Lans. C'était un choix personnel, un choix de conviction, un peu contre l'avis de mes parents. Mon envie de performance passait par les Alpes, je savais qu'il y avait d'autres athlètes qui avaient suivi ce chemin, à commencer par mon frère. Au début, j'avais ce mélange de volonté de réussir et de mener une vie de jeune normal. Mon entraîneur, Thierry Dusserre*, nous a beaucoup encouragés ; son discours était le prolongement de mon ambition. Avec lui, il fallait qu'on s'investisse pleinement, qu'on laisse notre confort de côté.

* Avant de devenir l'entraîneur du Comité de ski du Dauphiné, puis de l'équipe de France de biathlon, Thierry Dusserre a obtenu une médaille de bronze sur le relais homme aux Jeux olympiques de Lillehammer 1994.

QUELQUES SECONDES QUI VALENT DIX ANS D'ENTRAÎNEMENT

En 2009, lors des premières courses de ma première saison, je suis loin au classement. Puis il y a l'étape de Trondheim en Norvège qui marque un véritable tournant. Je suis encore junior et, pour la première fois, je fais jeu égal avec les meilleurs sur les skis. J'arrive même à accrocher Lars Berger* dans le dernier tour. C'est sur cette poursuite que je me dis que je peux réussir. Grappiller quelques secondes à ce moment-là a été aussi important dans ma progression vers l'athlète que je suis devenu que bien des années d'entraînement.

*Le Norvégien Lars Berger a la particularité d'avoir mené en parallèle les carrières de biathlète en biathlon et de fondeur en ski de fond. Il est médaillé avec le relais norvégien de ski de fond (4 x 10 km) aux Jeux de Vancouver 2010.

À Pyeongchang 2018, victoire française pour Martin Fourcade lors du relais 2 x 7,5 km + 2 x 6 km, victoire partagée avec Marie Dorin, Anaïs Bescond et Simon Desthieux.

Pierre Vaultier

Double champion olympique de snowboard cross en 2014 à Sotchi

Pierre Vaultier franchit la ligne en tête et conserve son titre olympique en snowboard cross. De quoi en pleurer !

VIBRER DEVANT LES PIONNIÈRES

En 2002, l'année de mes 15 ans, j'avais de grosses décisions à prendre concernant le snowboard. J'hésitais à passer à la vitesse supérieure : aller dans un sport-études ou dans un cursus normal, rester dans mon club de cœur ou changer de club et d'entraîneur pour pouvoir m'entraîner plus. Puis, il y a eu la finale entre Isabelle Blanc et Karine Ruby à Salt Lake City*. À l'époque, j'avais commencé le snowboard cross, qui n'était pas encore une discipline olympique, mais je continuais tout de même le slalom. Leurs performances ont été une grosse source d'inspiration pour moi, mais c'est la symbolique des Jeux, les émotions que j'ai ressenties ce jour-là, qui m'ont le plus marqué. Je me rappelle exactement le moment où, dans la voiture, deux ou trois jours après, j'ai annoncé à mon père ma décision. J'avais envie de prendre le chemin le plus direct pour vivre ce que j'avais vu à la télévision.

* Isabelle Blanc devient championne olympique de snowboard géant parallèle devant Karine Ruby, médaille d'argent.

LA BLESSURE COMME DÉLIVRANCE

En décembre 2013, je suis déjà bien implanté sur le circuit mondial, mais j'ai eu deux gros échecs lors de mes participations aux Jeux. Pendant un entraînement à Lake Louise, je me blesse au genou. Sur le coup, c'est une sorte de soulagement de me dire que je ne vais pas pouvoir faire les Jeux. De retour en France, on me diagnostique bien une rupture des croisés, mais isolée. Le docteur Sonnery-Cottet me dit que c'est risqué, mais que je peux aller aux Jeux sans me faire opérer. Ce côté « mission impossible » m'a enlevé un premier poids pour aborder les Jeux sans pression. Les deux mois qui ont suivi ont été une succession d'étapes qui m'ont empêché de penser aux conséquences d'un troisième échec. Au départ, je suis sur le canapé et je tiens grâce à ma femme et ma fille. Dix jours avant le départ, je rechausse à Val Thorens, je me sens comme un débutant dans le brouillard. Jusqu'à ce que mon entraîneur Nicolas Conte me rentre dedans au talkie-walkie, je ne termine pas la piste lors des premiers entraînements. Coup du destin, les qualifications sont annulées, je suis directement lancé dans la course sans l'étape qui me faisait le plus peur. Entre chaque run que je gagne, je suis submergé par les émotions, je pleure. Second coup du destin, mon préparateur physique se transforme en coach mental, car c'est lui qui est au départ. Il a su déceler cette faille et il a réussi à la combler, voire à la sublimer, pour me permettre d'arriver en finale totalement concentré sur mon objectif.

colmar.com
COLMAR

Clément Noël

Champion olympique de slalom en 2022 à Pékin

QUITTER LES VOSGES, LE SAUT DANS L'INCONNU

J'ai toujours fonctionné au jour le jour, je ne voyais pas forcément mon avenir dans le ski. Quand, à 15 ans, j'ai quitté les Vosges, ma famille, mes copains pour m'installer dans une famille d'accueil à Val d'Isère et aller au lycée d'Albertville, c'était un saut dans l'inconnu. Je ne voulais pas avoir de regrets, je me suis dit qu'il fallait que je le fasse bien, que le ski pouvait être mon métier.

LE FRISSON DE LA COUPE DU MONDE

Après quelques bonnes années, il y a eu une période pendant laquelle j'ai un peu végété en Coupe d'Europe, je trouvais que le niveau était haut. On m'a accordé ma chance en me laissant prendre un départ de Coupe du monde à Levi fin 2016. J'ai été très proche de me qualifier en seconde manche alors que je ne me considérais pas comme forcément prêt, pas suffisamment bon. Je me suis rendu compte qu'avec du boulot, je devais pouvoir arriver à tirer mon épingle du jeu. J'ai tout de suite aimé la Coupe du monde, son ambiance, la pression, cela m'a donné beaucoup de motivation.

VIVRE LES MÊMES ÉMOTIONS QUE SES COÉQUIPIERS

Le vrai déclic qui m'a amené à devenir champion olympique, il n'est pas sur le long terme, c'est vraiment les jours précédant la course. Je skiais bien à l'entraînement, je me sentais capable, mais c'est en voyant les émotions que vivaient Johan Clarey et Mathieu Faivre avec leurs médailles que j'ai eu le déclic. Cela m'a réellement donné ce petit supplément d'âme, cela m'a donné envie de prendre des risques, de skier vite, d'aller à fond sur ces Jeux. C'était très différent de n'importe quelle autre course.

« Le vrai déclic qui m'a amené à devenir champion olympique, il n'est pas sur le long terme, c'est vraiment les jours précédant la course. Je skiais bien à l'entraînement, je me sentais capable, mais c'est en voyant les émotions que vivaient Johan Clarey et Mathieu Faivre avec leurs médailles que j'ai eu le déclic. »

Clément Noël lors de son slalom victorieux sur la neige chinoise, une belle médaille d'or à la clé.

Perrine Laffont

Championne olympique de bosses à Pyeongchang

VIVRE L'EFFERVESCENCE DES JEUX

En février 2010, j'avais onze ans. J'étais aux Monts d'Olmes, ma station, pour skier pendant les vacances de février. Mes parents m'ont réveillée en plein milieu de la nuit pour suivre la finale de bosses des Jeux de Vancouver avec Guilbaut Colas, qui concourait pour une médaille. C'est vraiment à ce moment-là, en voyant l'énergie et l'effervescence autour de cet événement, que je me suis dit : «Moi aussi, je veux faire les Jeux!» Quatre ans après, à quinze ans, j'étais à Sotchi pour vivre cette expérience unique.

UNE SÉANCE, PLUS UNE SÉANCE, ETC.

À onze ou douze ans, j'ai lu le livre d'Edgar Grospiron. Je ne pourrais pas citer le passage exact, mais il explique que faire un ou deux runs de plus que ses coéquipiers à chaque séance est parfois difficile et peut paraître anecdotique. Mais si, à tous les entraînements, tu fais ça, au bout de ta préparation, cela te fera des centaines de runs de ski ou de circuits de musculation supplémentaires. À partir de ce moment-là, c'est un challenge personnel que je me suis fixé et c'est resté dans mon mental. Aujourd'hui encore, je rajoute toujours un petit truc en plus à chaque séance.

Perrine Laffont, en backflip lors des JO de Pyeongchang, s'offre une médaille d'or pour ses vingt ans.

TECHNICIENS

LES HOMMES DE L'OMBRE

Ils sont toujours là, mais souvent on ne les voit pas, on n'en parle pas. Ou très peu. Plutôt quand ça ne va pas. Pourtant, leur rôle est primordial. Levés tôt, couchés tard, du fond d'un box, ils fartent les semelles, affûtent les carres, façonnent les skis qui permettront aux athlètes de grignoter les précieux centièmes qui les feront gagner.

TEXTE
FANNY CASPAR

Atelier multimarque organisé dans l'hôtel où sont logés les athlètes.

CHICAGO
Cubs

UN MONDE À PART

Peu nombreux, les techniciens du ski « font un boulot ingrat », dixit David Chastan, directeur des équipes de France de ski alpin. Un job difficile, parce qu'ils sont souvent relégués dans des parkings mal chauffés, peu éclairés et mal aérés, parce que leurs journées sont parfois interminables, que l'on doit pouvoir compter sur leur disponibilité à tout moment, en période de compétition comme d'entraînement. Et qu'ils sont peu ou mal mis en avant, « alors même que leur impact sur la performance est primordial », complète David. C'est encore plus vrai pour le ski nordique. Avec des skis qui ne glissent pas, s'élancer est vain. Pire, ça peut devenir un vrai cauchemar. Qui peut durer longtemps sur les longues distances. À ce moment-là, le mental s'engage dans la bataille et peut venir saboter tout le travail effectué pendant des mois, miner la confiance indispensable à la performance.

Si le rôle du technicien semble évident pour ce qui est de la préparation et du réglage du matériel, dans les faits, il est souvent bien plus complet que ça. Très proche des athlètes dont il partage le quotidien, les états d'âme et le vécu, il fait partie intégrante de leur évolution personnelle et de leur réussite. De leur échec parfois aussi. Confident, soutien psychologique, son influence ne s'arrête pas à la partie purement technique. Il lui faut alors trouver le bon mode de fonctionnement pour chaque athlète, le juste équilibre et surtout, « savoir rester à sa place », ajoute David. Ce qui n'est pas toujours évident.

LE SUR-MESURE À L'ÉTAT PUR

Au plus haut niveau, un technicien accompagne en moyenne deux athlètes. Mais ce ne fut pas toujours le cas. Philippe Petitjean, l'expérimenté « Yul » qui œuvre pour Rossignol depuis 38 ans, se souvient qu'il a géré jusqu'à sept coureurs. Jusqu'en 2002, il suivait cinq slalomeurs de l'équipe de France. Mais, « avec l'évolution du matériel, l'augmentation du nombre de tests, de compétitions, ce n'était plus possible », affirme-t-il. Sans compter que chaque athlète se voit attribuer plus d'une dizaine de paires de skis par discipline. Que toutes doivent être prêtes à l'usage en permanence.

Pire encore, en ski de fond. Chaque coureur reçoit une housse de 30 à 40 paires de skis au minimum, et ça peut monter jusqu'à 70 paires pour certains ! Autant dire que la présélection puis le choix de la bonne paire ne sont pas choses aisées. Yul ou Guillaume de Nardin (technicien référent du ski de fond) le disent : « Moins il y a de paires, plus c'est facile. » Si Yul, de par son ancienneté dans le métier, peut se permettre de faire du tri, ce n'est pas évident pour tout le monde. Et puis, comme il le dit : « Il faut s'adapter au coureur, à sa manière de travailler. On est là pour les conseiller, mais ils ont aussi leurs habitudes. »

UN RÔLE DE CHOIX

La clé du métier repose sur un point essentiel : savoir choisir la bonne paire de skis le jour J. Tout un art. Qui ne s'improvise pas. Qui se construit. Parmi les prototypes « capables de gagner » fournis par les marques, les techniciens déterminent, pour chaque athlète, le « *quiver* » le plus approprié, la sélection de skis qui correspond le mieux à sa manière de skier. Des skis tous similaires, mais tous un peu différents, dont la répartition de souplesse, la nervosité et surtout la structure de la semelle, vont influencer la skiabilité. Les skis sont testés par les coureurs puis, selon le besoin, bichonnés à la main. Affûtage des carres, travail des chants, structure manuelle, imprégnation de la semelle, fartage, chaque détail est étudié pour obtenir la performance optimale.

C'est un travail de longue haleine basé sur l'expérience, les résultats des tests et des chronométrages, les échanges entre l'athlète et le technicien qui doit faire preuve d'une grande empathie afin de bien comprendre les besoins et surtout les ressentis de son poulain. Tous le confirment, ce point est crucial parce qu'à la fin, celui qui fait le choix de la paire de skis la plus adaptée aussi bien à la piste qu'au compétiteur est le technicien. En alpin comme en nordique. Dans cette discipline, les techniciens ont de plus la charge d'évaluer tous les skis des athlètes sur neige avant la course pour définir le mix structure/fart qui va le plus vite selon l'hygrométrie et la température de la neige, les conditions météorologiques, et leur évolution possible.

C'est très rare, mais l'erreur survient parfois. En particulier quand les conditions sont changeantes,

Dernier coup de chiffon sur les semelles d'Adrien Théaux dans la cabane de départ de Wengen. Le technicien partage absolument tout de l'athlète.

ce qui arrive de plus en plus souvent avec le changement climatique. L'anticipation et la capacité de prendre une décision au pied levé sont indispensables pour pallier toute éventualité. La confiance aussi qui, si elle peut être longue à construire, est nécessaire afin que le coureur puisse prendre le départ, sûr de lui et de son matériel, uniquement concentré sur sa technique et ce qu'il a à produire.

SUR LE TAS

Pour en arriver à ce niveau de certitude, à cette capacité à connaître par cœur un coureur, à pouvoir faire le bon choix, il faut certes du vécu, mais aussi certaines qualités : « Savoir s'adapter, être malléable, garder son calme en toute circonstance », évoque Philippe Petitjean. « Avoir la bonne posture, être sûr de soi », précise Fabrice Mermet. « Être manuel, passionné et ne pas compter ses heures », complète Guillaume de Nardin. Et surtout, tous s'accordent à le dire : savoir anticiper, être capable de prévoir l'imprévisible.
Pour la partie technique, « il n'existe pas de formation. On découvre sur le tas. On écoute les anciens. Je regarde toujours ce qui se fait ailleurs », explique Fabrice. La plupart sont des moniteurs, d'ex-compétiteur de FIS ou de Coupe d'Europe. Ils aiment le ski et sont pleinement investis. « Le niveau de ski est primordial en nordique parce qu'on passe 2 h 30 avant chaque course à tester une soixantaine de paires de skis, sur des boucles de 300 à 400 mètres. Il faut avoir l'esprit d'équipe aussi », affirme de son côté Guillaume.

UNE VIE LOIN DE CHEZ SOI

Bref, la vie de technicien ressemble à un sacerdoce. Présents tout au long de l'année auprès des compétiteurs, ils vivent au rythme du groupe qui les emploie. S'il est vrai qu'en ski de fond la période estivale est creuse, en alpin la cadence est soutenue, 365 jours par an. Les nouveaux skis sont sélectionnés et répartis par coureur au printemps, une fois le mercato terminé. Chaque technicien récupère les skis de ses athlètes attitrés, soit 30 à 40 paires en tout pour l'alpin. À cette période en principe dédiée à la détente, il doit cependant se charger de la longue et fastidieuse tâche de préparation et de rodage des skis.
Celle-ci est particulièrement importante pour la vitesse, les skis nécessitant un long travail de : « mise en forme de tombé de carres et de chants, de ponçage, car les skis sont livrés presque bruts. Il y en a pour 3 h 30 à 4 h par paire », explique Fabrice. Heureusement, comme lui et Yul le précisent, « on est libres de s'organiser comme on le

Philippe Petijean, « Yule », technicien Rossignol depuis 38 ans et toujours impliqué à 100 %.

souhaite ». Et de s'octroyer malgré tout un break salutaire, « retrouver ses racines… et sa famille », ajoute Yul.

Dès juin, les stages sur neige reprennent, il faut être prêt, que les semelles des skis soient déjà bien imprégnées. Le « ski d'été » qui se déroule sur les glaciers et désormais, la plupart du temps, dans l'hémisphère sud, permet de peaufiner le matériel et faire les choix de lignes de côtes et plaques. Les réveils sont matinaux, car il faut parfois être à 7 h sur les pistes. L'après-midi est dédié à la préparation. Philippe avoue : « Fin octobre, j'en ai marre de l'entraînement, j'ai envie d'attaquer les courses. » Preuve que l'esprit de compétition n'est pas réservé aux sportifs.

Quand la saison démarre, pour tous, les étapes à la maison deviennent rares et courtes. Comme le dit Guillaume : « Il faut avoir envie de passer du temps en déplacement ! » Et sur la route, car les techniciens se rendent sur les compétitions en voiture ou en bus. Une fois sur place, ils doivent encore installer leur « campement » pas toujours dans les meilleures conditions. En nordique, cet aspect s'est bien amélioré depuis dix ans avec le fameux bus technique. « Le camion, c'est 15 minutes d'installation, moins de manutention et de portage, plus de sécurité grâce à la ventilation, plus de confort de travail », explique Guillaume. Un véritable atout. Opérationnel dès la saison prochaine, le nouveau bus de la FFS bénéficiera de huit postes de travail et pourra transporter 800 paires de skis.

Bref, un métier de passionnés qui nécessite abnégation et humilité, qui va bien au-delà de l'entretien du matériel. Partie prenante du groupe qui entoure le compétiteur, le technicien, en tant que confident, souvent, et en tant que décideur, toujours, apporte en outre la part psychologique qui peut faire basculer la performance dans le bon sens. Pour autant, aucun ne l'avouera directement. Tous en effet estiment que la réussite est principalement due « au coureur qui fait tout lorsqu'il est en confiance », comme le souligne Fabrice. Et puis, « le ski ce n'est presque rien. C'est la chaussure qui est essentielle », ajoute Yul. Mais ça, c'est une autre histoire…

alpe huez
AEON
AEON PASS
1 PASS, 3 DOMAINES
L'Alpe d'Huez, Les 2 Alpes, La Grave
• Pas de passage en caisse
• Des réductions tout l'hiver
• Tous les samedis à 40€*
* à l'Alpe d'Huez et aux 2 Alpes
©Baptiste Diet

ENJEUX ENVIRONNEMENTAUX, BIEN-ÊTRE DES ATHLÈTES...

COMMENT OPTIMISER LE CALENDRIER DE LA FIS ?

Après une saison 2023-2024 chaotique, marquée par les multiples annulations de courses lors de la Coupe du monde en raison de conditions météo défavorables et de la prise de parole de plusieurs athlètes, le calendrier de compétition de la Fédération internationale de ski est aujourd'hui contesté par nombre d'acteurs du ski alpin. Mais quelles pistes envisager pour l'avenir ?

TEXTE
SANDY PLAS

Alexis Pinturault lors du Super-G de Wengen 2024, quelques secondes avant la chute qui le prive de sa saison.

Red Bull
BKW

1

12 janvier 2024. Alexis Pinturault s'élance dans la descente du Lauberhorn, lors de l'épreuve de super-G de Wengen, en Autriche. Quelques secondes plus tard, le skieur français chute violemment, après une mauvaise réception dans la partie basse de la piste. Bilan : rupture du ligament croisé antérieur, accompagné d'une lésion du ménisque interne du genou gauche. Saison terminée et questionnements sur la poursuite de sa carrière. Dans les jours suivants, l'athlète prend la parole, pointant du doigt un calendrier de courses trop chargé : « Il est clair que quand on finit sur la descente longue de Wengen alors qu'on a eu deux entraînements, une descente courte et le super-G le plus long de l'hiver, on a envie de balancer des athlètes à l'hôpital », déplore-t-il. Comme lui, deux autres skieurs, Marco Kohler et Aleksander Aamodt Kilde, ont également lourdement chuté sur les épreuves de Wengen.

Cet accident et la prise de parole d'Alexis Pinturault s'ajoutent aux diverses polémiques qui ont émaillé la Coupe du monde de ski alpin 2023-2024. Parmi les reproches entendus : la densité du calendrier, mais aussi le positionnement très tôt en saison des premières courses, avec l'ouverture de la Coupe du monde à Sölden, fin octobre, obligeant les athlètes à aller chercher la neige toujours plus loin et toujours plus tôt, pour s'entraîner dans de bonnes conditions. Un calendrier également largement remis en question suite aux images du creusement par des tractopelles du glacier du Théodule, à Zermatt, pour préparer les épreuves de la Coupe du monde prévues mi-novembre 2023 et finalement annulées en raison des conditions météo. Autant d'événements qui ouvrent aujourd'hui sur une interrogation : faut-il repenser le calendrier de la FIS, pour le bien-être des athlètes et pour le rendre plus vertueux dans le contexte du réchauffement climatique ? Et si oui, comment ?

UN DÉBUT DE SAISON PROBLÉMATIQUE

« La question du calendrier se pose pour toutes les disciplines que l'on porte au sein de la fédération et pas seulement pour le ski alpin », note Pierre Mignerey, directeur technique national de la Fédération française de ski (FFS), qui regroupe les disciplines du ski alpin, mais également du biathlon, du ski de fond, du saut à ski, du combiné nordique, du ski freestyle, du snowboard, du télémark et du rollerski. Mais si les exigences du programme concernent aujourd'hui toutes les disciplines de la FFS, certaines

« LA LOGIQUE SERAIT QUE LE CALENDRIER SOIT ORGANISÉ EN BLOC DANS LA MÊME RÉGION. OR, ON VOIT BIEN QU'AUJOURD'HUI DANS CERTAINS CALENDRIERS, IL Y A DEUX DÉPLACEMENTS EN AMÉRIQUE DU NORD, EN DÉBUT DE SAISON, PUIS EN FIN DE SAISON, CE QUI N'A DE SENS SI SUR LE PLAN SPORTIF, NI SUR LE PLAN FINANCIER, NI SUR LE PLAN ENVIRONNEMENTAL. »

semblent jusqu'à présent relativement épargnées par la question du début de saison : « Pour le ski de fond, cette problématique n'est pas encore très marquée au plus haut niveau. Le calendrier prévoit une période de Coupe du monde en Scandinavie, où la neige est présente, poursuit Pierre Mignerey. Elle se pose cependant pour les niveaux inférieurs, car il devient compliqué d'organiser des compétitions nationales dans nos régions au mois de décembre. » Pour le ski alpin, la question de la préparation en amont nécessaire à l'entrée en compétition fin octobre constitue en revanche un point crucial : « Toute la préparation est déterminée par le calendrier. En fonction de la date du début de saison, les athlètes sont poussés à aller chercher la neige à tout prix et de plus en plus tôt pour être performants dès la fin octobre », explique le DTN. Quitte à le faire dans des destinations lointaines comme l'Amérique du Sud.

« L'hiver ne commence plus en octobre. On refuse aujourd'hui de décaler le début des compétitions et de finir plus tard la saison, mais dans ce cas, il est nécessaire de s'interroger sur le nombre de courses placées au calendrier », défend Antoine Pin, directeur de Protect Our Winters (POW), une organisation qui rassemble des pratiquants de sports outdoor, engagés pour la protection du climat. Début 2023, l'organisation avait coordonné la rédaction d'une lettre ouverte signée par 500 athlètes des sports d'hiver, demandant à la FIS plus d'engagements en matière environnementale. Une pétition de 40000 signatures a suivi cette année, avec les mêmes réclamations, restées à ce jour sans réponse, selon Antoine Pin. « L'idée n'est pas de dire : on coupe tout d'un coup, mais il ne faut pas que l'on puisse dire que le ski, qui a la particularité de se dérouler au contact du milieu naturel, ne fasse pas d'efforts. » Pour lui, la question de la concentration des courses organisées sur un continent pour éviter de multiplier les déplacements intercontinentaux pendant la saison devrait aujourd'hui être envisagée, « pour des raisons environnementales, mais aussi économiques ». « Il faut également réfléchir au nombre de courses inscrites au calendrier, et surtout aux endroits où elles se déroulent », poursuit-il. Des pistes de solution également soutenues par Pierre Mignerey : « La logique serait que le calendrier soit organisé en bloc dans la même région. Or, on voit bien qu'aujourd'hui dans certains calendriers, il y a deux déplacements en Amérique du Nord, en début de saison, puis en fin de saison, ce qui n'a de sens si sur le plan sportif, ni sur le plan financier, ni sur le plan environnemental. »

« ALLER LÀ OÙ LA NEIGE EST PRÉSENTE »

« La Coupe du monde n'est pas une Coupe d'Europe, nous avons besoin d'aller là où la neige est présente et d'y aller au bon moment », répond Michel Vion, secrétaire général de la FIS. Ancien skieur de haut niveau et ancien président de la FFS, il ne voit pas dans le décalage des compétitions après le mois de mars une porte de sortie, pour éviter un démarrage trop précoce : « Après le 25 mars, quelle attractivité peut-on avoir autour du ski, alors que d'autres disciplines débutent déjà leur saison ? Aucun diffuseur n'acceptera de suivre. Sans parler de la qualité de la neige, qui est très changeante à cette période et qui remet en cause le caractère équitable des courses organisées », rétorque-t-il, en mettant en avant la réflexion engagée par la FIS ces dernières années sur certains lieux de compétition, situés à des altitudes qui rendent complexes le déroulé des épreuves, comme Zagreb en Croatie, ou Chamonix en France. « Ils ne sont pas remis en question aujourd'hui, mais sur le long terme, on sait qu'il s'agit de sites à risques », poursuit Michel Vion.

La réflexion de la FIS a déjà abouti à écarter pour la saison prochaine l'étape de Zermatt-Cervinia, positionnée au mois de novembre et qui a fait face plusieurs années de suite à des aléas climatiques débouchant sur son annulation. « Dans les faits, le calendrier n'a pas vraiment bougé, regrette Antoine Pin, qui voit dans cette question et dans la façon dont la FIS pourra se saisir des questions environnementales une opportunité intéressante pour la fédération : « Il y aurait une très bonne occasion pour la FIS de devenir leader sur ces sujets, en montrant qu'il est possible de s'engager et de faire bouger les choses. En faisant ça, elle pourrait devenir une locomotive pour d'autres secteurs et pour d'autres fédérations ». ▮▮

COUPE DU MONDE

VERS UN CIRCUIT COMMUN POUR LES HOMMES ET LES FEMMES ?

Limiter les déplacements en concentrant les compétitions féminines et masculines : voilà une des pistes de réflexion aujourd'hui sur la table pour rendre plus vertueuse l'organisation de la Coupe du monde de ski alpin. Une question pas aussi simple à régler…

TEXTE **SANDY PLAS**

Parmi les questions qui traversent le milieu du ski alpin, celle de la fusion des circuits féminins et masculins, qui leur permettrait de se dérouler aux mêmes dates et dans les mêmes lieux de compétitions, en n'accueillant que les athlètes les mieux classés, est sur la table depuis plusieurs années. Derrière cette idée d'un circuit unifié, plusieurs perspectives, à commencer par la limitation des coûts d'organisation des compétitions, mais également la réduction des émissions de gaz à effet de serre lié au déplacement des athlètes, de leurs équipes techniques et du public, sans oublier la valorisation des compétitions féminines.

En début d'année, l'équipe nationale norvégienne de ski alpin faisait ainsi une proposition en ce sens, dans le cadre d'un travail mené avec le cabinet KPMG sur la minimisation des impacts environnementaux des épreuves de ski alpin, en indiquant que « l'organisation d'un plus grand nombre d'événements combinés pour les équipes masculines et féminines au même endroit, ou du moins dans des endroits proches les uns des autres devrait entraîner une légère réduction des émissions de gaz à effet de serre ». L'équipe nationale ajoutait que « les équipes masculines et féminines disposent en grande partie de leurs propres entraîneurs et de leur propre personnel, mais le fait d'organiser les événements à proximité les uns des autres ou au même endroit réduira les déplacements de certains membres clés du personnel. »

« REFONTE DU SYSTÈME »

« C'est une réflexion qui a été ouverte depuis plusieurs années au sein de la fédération, explique de son côté Michel Vion, secrétaire général de la Fédération internationale de ski (FIS). La création d'un circuit unifié sera peut-être inévitable un jour, mais c'est un sujet qui demande une refonte intégrale particulièrement lourde du système ». En ligne de mire, des problématiques logistiques, liées à l'accueil d'un nombre d'athlètes, de staff et de public important, mais également techniques : « La préparation des pistes n'est pas la même pour les femmes et les hommes », précise Michel Vion. S'ajoute aussi la question de la diffusion télévisuelle, qui fait l'objet de contrats passés pour plusieurs saisons et dont certains sont déjà conclus pour les prochaines années, rendant difficile leur renégociation, liée à une évolution des modalités de compétition.

« Pour le moment, c'est une option qui semble compliquée pour le ski alpin d'un point de vue technique, confirme Pierre Mignerey, directeur technique national de la Fédération française de ski. Mais c'est une chose sur laquelle on milite pour d'autres disciplines, pour lesquelles il existe moins de difficultés à créer un circuit commun, comme pour le saut à ski. »

INTERVIEW

« SUR LE CALENDRIER 2026-2030, IL Y AURA DES CHANGEMENTS IMPORTANTS. »

FABIEN SAGUEZ est aujourd'hui président de la Fédération française de ski (FFS) après en avoir été un directeur technique national (DTN) emblématique. Ancien directeur du club des sports de Chamonix et entraîneur, son parcours protéiforme dans le ski l'incite à porter un regard aigu sur les aspects de calendrier. Au-delà des solutions faciles, il s'agit avant tout pour lui d'avancer collectivement vers des évolutions à même d'améliorer le bilan carbone du ski en préservant l'intégrité des athlètes.

TEXTE **LAURENT BELLUARD**

Comment la FFS aborde-t-elle la problématique du calendrier des courses et en particulier celui des Coupes du monde ?

Ce travail est déjà engagé avec la Fédération internationale de ski (FIS), mais il faut comprendre que chaque nation propose des organisations sur les bases existantes avec de grandes courses classiques historiques, mais ce paysage va se modifier à cause du changement climatique. Comme il y a des intérêts économiques derrière chaque événement, il faut travailler avec l'ensemble des parties prenantes, arriver à trouver une voie commune permettant d'établir à l'avenir un calendrier qui soit plus vertueux. Dans les grandes lignes, on peut dire que l'ouverture de la Coupe du monde à Sölden va être retardée de deux à trois semaines dès l'année prochaine. Mais il y a aussi un enjeu d'altitude et de latitude, car les sites trop bas en altitude, même historiques, sont aujourd'hui en danger. Il faut trouver le moyen de pallier cela, soit en remontant en altitude, soit en changeant de destination.

La multiplication des courses sur une même épreuve a montré ses limites l'hiver dernier à Wengen avec les blessures d'Alexis Pinturault ou Aleksander Aamodt Kilde. Pas facile de rendre le calendrier plus compact avec des courses en milieu de semaine…

Il y a une vraie réflexion de fond sur le sujet, mais une chose est sûre, il ne faut pas s'arrêter au calendrier pour trouver l'unique responsable des blessures, sinon ce serait facile à régler. Malheureusement, c'est plus complexe. Les blessures peuvent certes provenir de l'enchaînement des courses et de la fatigue, mais aussi de l'évolution du matériel, de la préparation des pistes, ainsi que de la préparation physique toujours plus efficace qui fait que les skieurs évoluent à des vitesses plus élevées notamment en courbe, car ils sont plus solides, plus costauds, plus forts. L'aspect sécurité est vraiment multifactoriel. Il faut continuer à travailler sur cette problématique par laquelle tout le monde est concerné. Alors, on peut évidemment mettre plus de courses en semaine, mais si l'on prend l'exemple du saut à ski, on se retrouve avec un calendrier où un athlète en Coupe du monde est amené à sauter en compétition, entre les entraînements officiels ou les épreuves, à sauter tous les deux à trois jours durant tout l'hiver ! Je ne crois pas que ce soit la bonne formule non plus… Il faut qu'on arrive à trouver le moyen de cibler à la fois les meilleures périodes pour organiser les épreuves, mais aussi, c'est mon opinion, faire des choix avec des semaines sans course pour donner un peu plus d'air aux athlètes comme à l'encadrement et à l'ensemble de la logistique de la Coupe du monde. Tous les sports qui marchent fort se concentrent sur le week-end, alors ce n'est pas facile de déroger à la règle sans déprécier le produit, donc sa valeur.

Doit-on arrêter définitivement les courses annexes comme les parallèles par exemple ?

Le parallèle n'est déjà quasiment plus présent, les athlètes n'ayant pas souhaité poursuivre dans ce sens trouvant la discipline trop accidentogène ou pas suffisamment équitable. Revenir aux disciplines traditionnelles, ça voudrait dire descente, géant et slalom, mais on a désormais une solide histoire avec le super-G, difficile de le supprimer ! On peut tout à fait garder ces quatre disciplines pour peu qu'on fasse un travail pédagogique avec l'ensemble des pays : comme chacun veut sa ou ses courses placées à un moment précis du calendrier, la discussion n'est pas simple. Il faut parvenir à trouver un intérêt commun qui va dans le sens de la préservation de la planète et de la protection des athlètes et de leur encadrement. Sur ces principes, on devrait arriver à trouver des solutions dans un avenir assez court faisant qu'on parvienne à obtenir un circuit relativement logique avec les phases nécessaires pour absorber les voyages et maîtriser nos coûts et notre impact carbone.

À l'inverse, peut-on multiplier les rendez-vous pour que certains puissent faire plus d'impasses sans que ce soit pénalisant pour les athlètes polyvalents par exemple ?

Les coureurs polyvalents ne sont pas une problématique, il s'agit des meilleurs skieurs du monde, ce que sont les décathloniens à l'athlétisme. Démultiplier les événements offrirait la possibilité de faire des impasses, mais diminuerait l'intérêt sportif, les meilleurs skieurs ne pouvant du coup participer à toutes les courses. La force des sports d'hiver, c'est justement que l'ensemble des meilleurs du monde participent, apportant une hiérarchie mondiale parfaitement cohérente. Pour donner de l'intérêt, il faut de la rareté, de l'exclusif, donc je suis plutôt de ceux qui disent qu'il faut réduire le nombre de courses.

Les athlètes sont-ils associés à ces discussions ?

Il faut systématiquement associer les athlètes à ces démarches, ce qui est plutôt bien fait avec l'International Biathlon Union (IBU) et la FIS. Mais à tous les niveaux, il y a des paradoxes comme la Fédération norvégienne citée en exemple pour avoir fait son bilan carbone, une démarche intéressante, mais qui cet été, est quasiment la seule à aller s'entraîner en Nouvelle-Zélande avec un budget et un bilan carbone bien supérieurs à ceux des autres nations parties également s'entraîner en hémisphère sud. Il faut arriver à trouver la juste mesure pour que l'ensemble des entités jouent collectif en matière de calendrier, mais je suis persuadé que sur le point du bilan carbone et de l'intégrité des athlètes, on devrait pouvoir se rejoindre. De premières évolutions sont à attendre prochainement, mais sur le calendrier 2026-2030, il y aura des changements importants. En revanche, je ne crois pas au décalage de calendrier vers la fin de saison, car s'il y a souvent de l'épaisseur de neige, les conditions de ski ne sont pas suffisamment homogènes pour être parfaitement équitables. ▌▌

4.6+
800
PistenBully

RAPPORT DE LA COUR DES COMPTES SUR LE SKI : QUAND LES SAGES DISENT DES BÊTISES !

Citée en exemple lorsqu'il s'agit de dénoncer les gaspillages d'argent public comme les ponts ne menant nulle part ou les services administratifs n'ayant plus de fonction mais toujours leurs salariés attitrés, la Cour des comptes brille moins par sa sagacité lorsqu'il s'agit de montagne en général et de ski en particulier.

Dans son rapport sur « l'adaptation des stations de montagne face au changement climatique », les « sages » de la rue de Cambon ont hélas fait de la politique avec pour commencer, un sens du timing digne des meilleurs communicants, ce rapport étant publié juste avant le début des vacances d'hiver plébiscitées par les Français pour se rendre sur les domaines skiables. Pire, la CDC se base sur des prérequis idéologiquement faussés et factuellement susceptibles d'orienter le résultat final de l'étude (qui n'a pas que des mauvais côtés). En effet, le Premier président de la Cour des comptes, Pierre Moscovici, a décidé que la neige de culture ne peut pas être la bonne réponse au manque de neige du fait de sa consommation électrique. On somme donc les Français à basculer vers la voiture électrique, mais des enneigeurs alimentés par de l'électricité verte n'auraient aucune vertu… dont acte. De même, se basant sur un panel de 42 stations dont l'énorme majorité fait partie des toutes petites ou petites stations (Albiez-Montrond, Arêches Beaufort, Super-Besse, Les Arcs, Chalmazel, Chamonix, Chamrousse, La Clusaz, Col de Rousset, Font d'Urle Chaud Clapier, Vassieux-en-Vercors, Grand Echaillon, Herbouilly, Lus-la-Jarjatte, Valdrôme, Les Gets, Mont-Dore, Saint-Pierre-de-Chartreuse, Thollon-les-Mémises, Val-Cenis, Gourette, La Pierre Saint-Martin, Ax Trois Domaines, Boutx – le-Mourtis, Font-Romeu, Goulier Neige, Grand Tourmalet, Formiguères, Porté-Puymorens, le Cambre d'Aze, Val d'Azun, Val Louron, Isola 2000, Auron, Montgenèvre, Pra-Loup, Risoul, Sainte-Anne la Condamine, Sauze – Super Sauze, Larche, Vars et Métabief), le résultat est tout aussi manipulé que si elle avait choisi les 20 plus grands exploitants du pays en matière de chiffre d'affaires que sont Chamonix – Les Houches, La Plagne, Les Arcs – Peisey-Vallandry, Val Thorens – Orelle, Courchevel – Méribel-Mottaret, Les Ménuires – Saint-Martin-de-Belleville, Tignes, Avoriaz, Val d'Isère, Les Deux Alpes, Alpe d'Huez – Auris – Villard-Reculas, Serre Chevalier Vallée, Flaine – Morillon – Samoëns – Sixt, Méribel-les Allues – Brides-les-Bains, Saint-Gervais – Saint-

Les années ne sont pas semblables dans les stations pas ou peu équipées de neige de culture, comme ici au Chazelet, à La Grave.

Nicolas de Véroce – Les Contamines, Châtel – La Chapelle-d'Abondance, La Clusaz, Megève, Les Saisies et Les Gets. Ces vingt-là représentent à eux seuls plus de 66 % du chiffre d'affaires du top 100 des domaines skiables français, les 130 autres ne représentant qu'une infime quantité. Pour info, dans le palmarès 2023 des exploitants de remontées mécaniques, la centième position appartient à La Sambuy pour un chiffre d'affaires de 421000 euros, chiffre insuffisant à la survie du site arrêté l'été dernier. C'est dire la dichotomie existante entre les différents sites comme leur énorme diversité qui, vue de la rue de Cambon, semble bien moins contrastée. Sa connaissance parfaite du terrain lui permet d'ailleurs de classer le col de Porte, à 1324 mètres d'altitude en Chartreuse, comme l'un des sites les moins vulnérables face au dérèglement climatique alors que les stations du Queyras, rarement privées de neige grâce au phénomène météorologique bien connu des «retours d'est», seraient vouées à disparaître de la planète ski...

UNE HISTOIRE D'ARGENT... MAIS PAS QUE!

Certes, que les sites de moins de 15 millions d'euros de chiffres d'affaires engloutissent 124 millions d'euros d'aides publiques (chiffre contesté par DSF), soit 23 % de leur revenu, peut interroger si l'on omet que dans bien des cas, les remontées mécaniques assurent un rôle social en permettant de fixer une population précaire d'agriculteurs de montagne qui, par ailleurs via l'Europe, est massivement soutenue financièrement. Est-ce réellement un problème que les transports urbains soient financés le plus souvent à hauteur de plus de 50 %, c'est-à-dire que le prix du billet payé par l'usager ne reflète qu'à peine la moitié des coûts engendrés? C'est d'ailleurs un point de comparaison intéressant puisque doucement, mais sûrement, le transport par câble gagne peu à peu les villes, non sans mal au passage. Mais puisqu'il faut décarboner à tout va, comment comprendre alors l'argument des villes qui décident de ne pas aller vers la gratuité des transports publics sous prétexte que les citoyens vont davantage les utiliser obligeant la collectivité à augmenter son offre et le personnel associé, donc dépenser plus? Quel est le but recherché? Décarboner ou économiser? Dans ses préconisations, la CDC incite donc à augmenter le tarif des forfaits de ski qui culmine pourtant à des sommets, mais pas celui des transports en commun, laissant penser que le ski étant un «sport de riches», il n'est pas utile de le soutenir. Suivant cette logique, le ski va effectivement vraiment devenir un sport de riches! Si certaines stations visent clairement la clientèle des 1 % les plus favorisés, les autres, les plus importantes en nombre, dans des territoires desservis de manière très hétérogène, jouent la carte opposée, celle de la «classe moyenne», pas celle du bling-bling. Il s'agit du coup de ces domaines skiables qui engrangent les subventions publiques. Une forme de ski «social» qui fait écho à la volonté initiale du plan neige lui-même issu des progrès sociaux voulus par l'avènement des congés payés.

IL N'EST PIRE AVEUGLE QUE CELUI QUI NE VEUT PAS VOIR...

En prenant soin d'éviter de citer la neige de culture comme une adaptation du secteur à la contrainte climatique et un progrès à même de défendre les emplois créés par l'activité ski, la Cour des comptes montre une forme de cécité à géométrie variable. Elle qui défend la dépense publique d'investissement contre celle de fonctionnement, s'oppose ici à une évidence dans laquelle nos voisins ont massivement investi. Pourquoi serait-il logique d'engloutir de l'argent public dans des digues, et totalement inconséquent de le faire avec principalement de l'argent privé dans des enneigeurs? Dans les deux cas, c'est une affaire d'eau. Dans les deux cas, il s'agit de contrer les caprices de la nature ou les excès des hommes, afin de préserver une activité économique... C'est un peu ce que souligne Alexandre Maulin, président de Domaines Skiables de France, dans son courrier adressé à la CDC après la publication de son rapport : «La Cour ne relève pas l'extraordinaire réduction de l'exposition des domaines skiables aux aléas d'enneigement, réalisé en 30 ans. Ainsi, les hivers faiblement enneigés 1989-1990, 2006-2007, et 2022-2023, ont respectivement vu la fréquentation des domaines skiables baisser de 30 %, 15 % et 5 %, pour des nivologies similaires.»

En prenant le parti d'aboyer avec les loups anti-ski, c'est-à-dire les non skieurs-usagés-des-domaines-skiables (par opposition aux skieurs de randonnée), la Cour des comptes fait de la politique là où sa sagesse devrait la mener à la retenue. Au même moment, malgré des conditions de neige dégradées, une inflation jamais vue depuis 40 ans et une douceur inquiétante, les Français se sont quand même précipités en stations de montagne pour y glisser sous le ciel bleu, simplement heureux de pouvoir profiter de structures à même de les accueillir pour une semaine de plaisir en famille ou entre amis. Car oui, si certains préfèrent une montagne non équipée pour y planter leur tente et bivouaquer à la dure, la majorité préfère être hébergée dans le confort moderne. Comme la surface équipée ne représente que 1 % des territoires de montagne, ça laisse encore un peu de place libre aux adeptes de l'autarcie et de l'entre-soi qui, au passage, se plaignent également de la surfréquentation de cette montagne non équipée, fustigeant les «néo-pratiquants» selon le principe qu'en montagne, «l'enfer, c'est forcément les autres»!

Qui sont les employés des domaines skiables ? Une question qui trouve un début de réponse avec cette enquête riche et surtout, de grande ampleur. Des hommes et des femmes qui ont un dénominateur commun : aimer travailler en montagne.

QUI SONT LES SALARIÉS TRAVAILLANT DANS LES DOMAINES SKIABLES FRANÇAIS ?

À l'initiative des partenaires sociaux – DSF, FO et la CGT – une enquête massive a été conduite auprès de l'ensemble des salariés de la branche des remontées mécaniques et domaines skiables durant l'hiver 2023. La France, plus grand domaine skiable d'Europe et n° 2 mondial en termes de « journées skieurs », compte 250 stations de ski alpin pour 200 entreprises de remontées mécaniques, qui emploient 18 300 salariés répartis en une vingtaine de métiers. Pas moins de 3 618 personnes ont répondu à cette enquête, soit 20 % des salariés. Très détaillée, la synthèse de ces travaux révèle que 79 % des salariés sont saisonniers et ont pour les 2/3 plus de 35 ans (3/4 chez les permanents), avec une ancienneté moyenne de 10 ans (15 ans chez les permanents). Par ailleurs, 89 % des saisonniers ont leur résidence principale dans le département où ils travaillent, pour une rémunération mensuelle moyenne de 2 295 € brut (tous salariés confondus). Si l'hiver, 90 % des emplois saisonniers durent plus de trois mois (vs 47 % en été), 84 % des saisonniers contractent au moins un emploi entre deux hivers. Néanmoins, parce que ce ou ces emplois n'occupent pas toujours la totalité de l'intersaison, 66 % des saisonniers alternent également quelques périodes de chômage. Au final, on note un point d'attention autour des difficultés liées au logement et au transport, même si 40 % des salariés indiquent être aidé par leur employeur, surtout dans les domaines skiables suffisamment grands pour instaurer un ramassage en transport en commun.

ANNE MARTY PREND LA PRÉSIDENCE DE DOMAINES SKIABLES DE FRANCE

Seule candidate à la succession d'Alexandre Maulin (les Sybelles), Anne Marty a construit sa carrière dans les relations humaines jusqu'à rejoindre Altiservice (Saint-Lary, Font-Romeu...), il y a neuf ans, puis en prendre la direction générale. Vice-présidente de Domaines Skiables de France, elle incarne l'héritage de la précédente présidence avec deux spécificités majeures : être une femme et venir des Pyrénées dans une institution longtemps réservée aux alpins. L'axe à suivre demeure la tenue des éco-engagements pris dans la précédente mandature, mais aussi de renforcer le « vivre ensemble » et la responsabilité sociétale des employeurs, trop d'accidents du travail étant recensés dans la filière. Bref, cela pourrait être résumé par un « relations humaines un jour, relations humaines toujours ! » Cette impulsion supplémentaire à la politique dernièrement insufflée est la preuve qu'un vent nouveau souffle sur cette branche depuis quelques années. Tant mieux !

Image de synthèse du nouveau Jandri 3S de la gare d'arrivée, au pied du glacier.

LE JANDRI 3S CHANGE LA DONNE AUX DEUX ALPES

Rarement, le renouvellement d'une remontée mécanique a autant changé la physionomie d'un domaine skiable. En effet, la spécificité du domaine des Deux Alpes, tout en longueur jusqu'au glacier de Mont-de-Lans, fait que le Jandri Express a toujours été sa colonne vertébrale. Naguère desservi par un enchaînement improbable de télécabines et de téléphériques, c'est depuis 1985 un DMC qui assurait le voyage entre 1600 et 3200 mètres d'altitude sur 6,4 kilomètres, soit une quarantaine de minutes. Avec ce nouveau Jandri 3 S (deux câbles porteurs pour un tracteur), il ne faudra plus que 17 minutes pour atteindre le pied du glacier à une vitesse de croisière de 28,8 km/h, le tout dans un confort amélioré puisque les 55 cabines disposent de 24 places assises (et 8 debout), ce qui permet de doubler l'ancien débit avec aujourd'hui 3000 personnes par heure. Ce chantier, réalisé par Poma, n'impose que sept pylônes au paysage contre 17 auparavant, une avancée remarquable en termes d'impact au sol. La longue queue au DMC qui prévalait à l'ouverture du domaine skiable n'est donc plus qu'un vieux souvenir !

LES JOP 2030 DANS LES ALPES FRANÇAISES

À l'occasion de la 142e session du Comité international olympique (CIO), en juillet dernier, le CIO a confirmé l'attribution aux Alpes françaises de l'organisation des Jeux olympiques et paralympiques d'hiver 2030, sous conditions de la réception de la garantie financière de l'État. « La France repousse les limites de l'excellence à chaque fois qu'elle organise un événement sportif. Nous croyons en l'avenir de nos montagnes et c'est une nécessité d'accompagner leur modèle de demain : une montagne innovante, ambitieuse, soucieuse des enjeux écologiques, accessible à tous », a insisté Emmanuel Macron lors de la cérémonie, alors que les deux présidents des régions concernées ont insisté sur la nécessité de « porter désormais la grande responsabilité d'offrir au monde des Jeux olympiques et paralympiques d'hiver sobres et durables, des Jeux au service du territoire qui laisseront un héritage au bénéfice de tous », pour Laurent Wauquiez ; « Nous allons montrer au monde que le XXIe siècle aura ses Jeux d'hiver : réinventés, plus sobres, moins coûteux », pour Renaud Muselier. Présent à Lausanne, Martin Fourcade semble bien parti pour piloter ce projet.

Des JOP enfin vertueux, juste pour la fête du sport et le rayonnement de nos montagnes.

GÉNÉRATION MONTAGNE, LES ACTEURS DE LA MONTAGNE S'ENGAGENT

Deux ans après les 16 éco-engagements pris pour préserver la montagne avec des mesures concrètes en matière de climat et d'émissions de gaz à effet de serre, de gestion de l'eau, de protection de la biodiversité et de préservation des paysages, Domaines Skiables de France s'est doté d'un nouvel outil pour accélérer et amplifier la réalisation de sa feuille de route environnementale, tout en déployant des actions d'intérêt général impliquant les domaines skiables.
Placé au sein du fonds de dotation Essentiem, le fonds dédié Génération Montagne est animé par un conseil de gouvernance présidé par Yves Dimier, et composé de membres d'Essentiem, de membres de DSF dont son président Alexandre Maulin, ainsi que des mécènes et personnalités qualifiées : la Caisse d'Épargne Rhône Alpes, partenaire engagé de longue date aux côtés des domaines skiables et du mouvement sportif, Camille Rey-Gorrez, directrice de l'association Mountain Riders ainsi que la snowboardeuse Chloé Trespeuch, médaillée de bronze et d'argent aux JO de 2018 et 2022, troisième de la Coupe du monde 2022 en snowboard cross.
Pour sa deuxième année, le fonds Génération Montagne a participé au financement de huit projets dont trois à vocation environnementale (formation des acteurs de la montagne en faveur d'une mobilité douce, active et partagée portée par Protect Our Winter; Ski Racing Ambition Carbone Zéro par Chamonix Ski Alpin Racing, une initiative pour alléger le bilan carbone d'une saison de compétition de ski alpin; et un dernier projet portant sur la formation des acteurs de la montagne pour une Montagne Zéro Déchet Sauvage en 2030 animée par l'association Mountain Riders). Sur la thématique sociale, trois dossiers également ont là aussi été soutenus (« Vis ma vie de saisonnier dans le milieu montagnard en petite enfance » par le lycée professionnel Jean Perrin en région parisienne; la tournée scolaire du festival de films Femmes en montagne par l'association On n'est pas que des collants, ainsi que le Trophée aventure hivernale par le Comité départemental sport en milieu rural 04-05). Du côté des solidarités, le fonds a soutenu la formation de cinq pilotes tandem-ski par l'association Cap'Verdon ainsi que l'initiative Débutants & Départ 18-25 ans Montagne par l'Agence nationale des chèques vacances 18-25 ans. L'appel à projets Génération Montagne 2024-2025, clos au cœur de l'été dernier, va porter de nouveaux projets tout aussi ambitieux sur les mêmes grandes thématiques, mais il est encore trop tôt pour les développer ici. À suivre dans *Ski français*...

TRACES NORDIQUES

Auteur : Benoît Prato
Un beau livre pour tout savoir sur la culture et la pratique du ski nordique en France! Curieusement, rien n'a jamais véritablement été écrit sur ce qu'était le ski nordique en France. Quelle est son histoire? Comment s'est-il développé et structuré? Quelles sont les disciplines qui le composent? Où peut-on le pratiquer?
Tous ces sujets sont abordés, en texte et en images, dans cet ouvrage qui se veut d'abord une opportunité pour tous de se plonger dans l'histoire du ski nordique, de ses champions français, mais aussi de mesurer l'impact des Jeux olympiques d'hiver sur le développement de la discipline en France. *Traces nordiques* se veut également une lucarne ouverte sur le futur et sur la transversalité entre les sports d'hiver, avec un entretien au long cours de Franck Piccard, champion olympique de ski alpin, qui est devenu fondeur par passion.

Traces nordiques
Collection Beaux livres Montagne
168 pages. Format : 175 x 248 mm
Prix TTC : 25,95 €
À paraître le 6 novembre 2024

Laurent Vanat à Mountain Planet : un rendez-vous immanquable pour comprendre le ski sans porter d'œillères.

RAPPORT VANAT : LE SKI MALGRÉ TOUT

Comme chaque année, l'expert suisse a rendu son rapport sur l'état du ski dans le monde intitulé «rapport international sur le tourisme de neige et de montagne» lors du salon Mountain Planet à Grenoble au printemps dernier, portant sur la saison 2022-2023, le jeu des saisons sur les deux hémisphères imposant d'avoir toujours une année de décalage pour consolider les chiffres. Les lignes de force de ce rapport rappellent deux réalités souvent ignorées : si le nombre global de skieurs ne progresse que très peu, il ne diminue pas et encore moins dans les Alpes, l'Italie par exemple ayant réalisé sa saison record. Pour le dire autrement, contrairement au récit vendu par les associations écologistes ou les grands médias toujours plus adeptes à suivre les minorités, les Français, comme les Européens ou les Américains, continuent à vouloir se rendre massivement en stations de ski pour, avant tout, glisser! Les faits, rien que les faits, ce qui a fait dire à Laurent Vanat que la saison expertisée était sous le dogme du *business as usual*. Si ces chiffres vont à l'encontre du discours portant la sortie du «tout ski», faute au dérèglement climatique, ils indiquent aussi que l'activité ne recrute pas suffisamment de nouveaux adeptes, du moins dans les pays occidentaux. L'expert suisse va même plus loin en mettant en garde les grands domaines skiables à mieux recruter en ville, mais aussi à soutenir les petits domaines proches des villes, moins en altitude donc plus sensibles aux humeurs du climat, puisqu'ils forment les primoskieurs alimentant plus tard les grands domaines. Si en France, cette solidarité est plutôt exemplaire, ce n'est pas forcément le cas ailleurs. En revanche, recruter en ville signifie créer des structures où l'on peut découvrir la glisse sur tapis roulants, ce que la Chine par exemple développe massivement quand ces lieux ne se comptent que sur les doigts d'une main dans l'Hexagone. De même, et selon la même logique, Laurent Vanat répète que les domaines skiables devraient mieux travailler la relation avec leurs clients (ceux qui sont déjà venus au moins une fois), plutôt que d'imaginer des Eldorados aussi improbables qu'utopiques, à l'image du marché chinois. Les forfaits groupés, en vogue aux USA ou en Suisse, rencontrent un succès croissant, les Epic pass ou Ikon pass représentant désormais environ 50 % des journées skieurs au pays leader en la matière. Certes, la géographie des États-Unis doit aussi entrer en ligne de mire, mais les Suisses imaginent arriver eux aussi à 30 % minimum de parts de marché d'ici cinq ans.
Plus inquiétant, une étude menée aux USA a montré que 80 % des débutants ne revenaient jamais au ski, posant la question du bien-fondé de la formation lors de la première semaine de découverte du ski avec là aussi l'idée de débuter sur tapis, un univers moins contraignant et déstabilisant qu'une piste damée.
Dernier conseil donné par l'expert aux décisionnaires du ski : expliquer leur activité à la plupart non pas pour faire de la réclame, mais pour donner des chiffres réels à même de mettre à mal le discours du tourisme-bashing en général et du ski-bashing en particulier, citant au passage l'exemple d'un homme politique suisse, pays pourtant très porté sur la culture du ski, ayant proposé lors de la crise énergétique post-déclenchement de la guerre en Ukraine, de fermer les domaines skiables pour éviter le *shut-down* électrique du pays alors que cette industrie ne pèse que pour 0,3 % de la consommation! ✖

BILAN DES RÉSULTATS SPORTIFS DES SKIEURS LORS DE LA SAISON 2023-2024

Une des dernières apparitions de la star autrichienne, en démonstration à Kitzbühel.

Avant de se projeter dans les compétitions de la saison à venir, retour sur les exploits réalisés par les skieurs français, toutes disciplines confondues. Avec 176 podiums pour 51 victoires, les skieurs et skieuses français se sont mis en valeur et c'est en télémark que les athlètes tricolores ont le plus dominé, suivi par le biathlon où les filles ont engrangé pas moins de 26 podiums pour 16 victoires. Discipline par discipline, on recense 5 victoires en ski alpin (Cyprien Sarrazin et Nils Allègre), idem en freestyle (Tess Ledeux, Youri Duplessis-Kergomard, Terence Tchiknavorian), 4 en snowboard (Chloé Trespeuch et Merlin Surget), 3 en ski de fond (Lucas Chanavat et Jules Lapierre), 2 en saut à skis (Joséphine Pagnier) et donc 16 en biathlon (Lou Jeanmonnot, Justine Braisaz-Bouchet, Julia Simon, Éric Perrot), auxquels on rajoute des victoires en relais avec l'appui de Quentin Fillon Maillet, Émilien Jacquelin, Sophie Chauveau, Jeanne Richard et Fabien Claude. Dans les sports non olympiques, c'est le télémark qui a flambé avec Noé Claye, Augustine Carliez, Élie Nabot, Charly Petex et Argeline Tan-Bouquet.

Le télémark sera-t-il une épreuve olympique pour les JO de 2030 ? Ça serait une très bonne nouvelle pour la FFS si le niveau des tricolores demeure aussi haut...

MARCEL HIRSCHER DE RETOUR SUR LA COUPE DU MONDE

Après une décennie d'une domination presque totale sur les épreuves techniques de la Coupe du monde, Marcel Hirscher reviendra à la course à Sölden, fin octobre, après cinq années de retraite. L'Autrichien va désormais courir pour les Pays-Bas, sur ses propres skis (Van Deer), et va profiter d'un dossard protégé lui permettant de partir juste après les trente premiers dossards. Alors, combien de courses faudra-t-il à l'octuple vainqueur du grand globe de cristal pour entrer en seconde manche ou pour atteindre le podium? Les paris sont ouverts...

COURCHEVEL
SLALOM
NOCTURNE
ENTREE GRATUITE
AUDI FIS
COUPE
DU MONDE
FEMININE
DE SKI ALPIN
COURCHEVEL - STADE EMILE ALLAIS
30 JANVIER 2025
COURCHEVEL WORLDCUP
WWW.WORLDCUPCOURCHEVEL.COM
Audi
FIS Ski World Cup
FIS
Fédération Française de Ski
SAVOIE
LE DÉPARTEMENT
La Région
Auvergne-Rhône-Alpes

skifrançais

TOME 5
COMPÉTITION

Direction d'ouvrage Laurent Belluard pour Nivéales Médias-Comalp
Recherche iconographique Fanny Caspar pour Nivéales Médias-Comalp
Directeur artistique Michel Barthelemy
Fabrication et prépresse Glénat Production

37 rue Servan – 38000 Grenoble
www.glenat.com
ISBN : 978-2-344-06537-2
Dépôt légal : octobre 2024
Achevé d'imprimer en France en octobre 2024 par Pollina à Luçon (85)
sur papier provenant de forêts gérées de manière durable

DOMAINES SKIABLES DE FRANCE

PEFC 10-31-2065 / Certifié PEFC / pefc-france.org

CRÉDITS PHOTOGRAPHIQUES

P1 : MARTIN/PRESSE SPORTS • P2 : COLLECTION PERSONNELLE ANTOINE DENERIAZ • P3 : CORINNE DUBREUIL/PRESSE SPORTS • P4 : EQUIPE/PRESSE SPORTS • P6 : COLLECTIONS L'EQUIPE/PRESSE SPORTS • P7 : EQUIPE/PRESSE SPORTS • P8 : COLLECTIONS L'EQUIPE/PRESSE SPORTS • P9 ET 10 : EQUIPE/PRESSE SPORTS • P11 : LANDRAIN/ROCHARD/PRESSE SPORTS • P12 : PICHON/PRESSE SPORTS • P13 : JEROME PREVOST/PRESSE SPORTS • P14 : STEPHANE MANTEY/PRESSE SPORTS • P16 : SEBASTIEN BOUE/PRESSE SPORTS • P18 : JOHANN GRODER/EXPA/PRESSE SPORTS • P19 : ERICH SPIESS/EXPA/PRESSE SPORTS • P20 : JOHANN GRODER/EXPA/PRESSE SPORTS • P22 : ALAIN GROSCLAUDE/ZOOM/PRESSE SPORTS • P24 : JOHANN GRODER/EXPA/PRESSE SPORTS • P25 : CHRISTOPHE PALLOT/AGENCE ZOOM/PRESSE SPORTS • P27 HAUT : PATRICK GAILLARDIN/PRESSE SPORTS • P27 BAS : STEFAN ADELSBERGER/EXPA/PRESSE SPORTS • P28 : ALEXIS BOICHARD/ZOOM/PRESSE SPORTS • P31 : MARC FRANCOTTE/PRESSE SPORTS • P33 HAUT : STEPHANE MANTEY/PRESSE SPORTS • P33 BAS : BERTRAND DESPREZ/PRESSE SPORTS • P34 : BERTRAND DESPREZ/PRESSE SPORTS • P36 : MARC FRANCOTTE/PRESSE SPORTS • P38 : GETTY IMAGES • P40 : MARC FRANCOTTE/PRESSE SPORTS • P42 : COLLECTION PERSONNELLE BENJAMIN MELQUIOND • P44 : COLLECTION PERSONNELLE FABIEN BERTRAND • P45 HAUT : JEAN LOUIS FEL/PRESSE SPORTS • P45 BAS : JEAN-LOUIS FEL/DIDIER FEVRE/PRESSE SPORTS • P46-47 : AGENCE ZOOM • P48 : ROCHARD/PRESSE SPORTS • P51 : LANDRAIN/PRESSE SPORTS • P52 : COLLECTION PERSONNELLE BENJAMIN MELQUIOND • P54 : SEBASTIEN BOUE/PRESSE SPORTS • P56 : PRESSE SPORTS • P57 : ROCHARD/FEVRE/PRESSE SPORTS • P58 : JEROME PREVOST/PRESSE SPORTS • P59 : PRESSE SPORTS • P60 : JEAN-LOUIS FEL/PRESSE SPORTS • P61 HAUT : JEAN-LOUIS FEL/PRESSE SPORTS • P61 BAS : DIDIER FEVRE/PRESSE SPORTS • P63 : JEAN-CLAUDE PICHON/PRESSE SPORTS • P64 HAUT : ALEXIS BOICHARD/ZOOM/PRESSE SPORTS • P64 BAS : JEAN-LOUIS FEL/PRESSE SPORTS • P65 : JEAN LOUIS FEL/PRESSE SPORTS • P66 : BERNARD PAPON/PRESSE SPORTS • P67 : MARTIN RICHARD/PRESSE SPORTS • P68 GAUCHE : FRANCK SEGUIN/PRESSE SPORTS • P68 DROITE : LAURENT SALINO/ZOOM/PRESSE SPORTS • P70 ET 71 : ALEXIS BOICHARD/ZOOM/PRESSE SPORTS • P72 HAUT : JEROME PREVOST/PRESSE SPORTS • P72 BAS : MARTIN RICHARD/PRESSE SPORTS • P75 : PATRICK GAILLARDIN/PRESSE SPORTS • P77 : JEROME PREVOST/PRESSE SPORTS • P78 : ALAIN GROSCLAUDE/ZOOM/PRESSE SPORTS • P81 : ALEXIS BOICHARD/ZOOM/PRESSE SPORTS • P85 : AGENCE ZOOM • P88 : COLLECTION LAURENT BELLUARD • P90 : HUGO CLECHET • P91 HAUT : BASILICO DESIGN • P91 BAS : STEFAN ADELSBERGER/EXPA/PRESSE SPORTS • P93 : LAURENT BELLUARD • P94 GAUCHE : MICHEL COTTIN/ZOOM/PRESSE SPORTS • P94 DROITE : CHRISTOPHE PALLOT/ZOOM/PRESSE SPORTS